Nikolaus Steno, Vorläufer einer Dissertation
Übersetzung von K. Mieleitner

Nicolaus Stenonis – Versuch einer Annäherung
Essai von E. Fabian

Zum Faksimiledruck
„Nicolai Stenonis
De solido intra solidum naturaliter contento
Dissertationis Prodromus“,
Florenz 1669

NICOLAUS STENONIS

Versuch einer Annäherung

Essai von

Eginhard Fabian

Dem Essai vorangestellt:
Vorläufer einer Dissertation
über feste Körper,
die innerhalb anderer fester Körper
von Natur aus eingeschlossen sind

von Nikolaus Steno

Nachdruck der Übersetzung von Karl Mieleitner
aus dem Jahre 1923

Akademie-Verlag
Berlin
1988

„Und ein Beweis, in dem ich behaupte,
es gäbe etwas bei irgendeiner Sache,
steht auf schwachen Füßen,
wenn ich dieses Etwas dort nicht beobachte."

Nicolaus Stenonis 1669

Nicolaus Stenonis 1638–1686

Federzeichnung von
Helmut Maletzke

Vorwort des Herausgebers

Dem Geologen und Paläontologen, dem Mineralogen und Kristallographen, dem Wissenschaftshistoriker auch gilt Nicolai Stenonis *„De solido intra solidum naturaliter contento Dissertationis Prodromus"* von 1669 als eine der bedeutendsten wissenschaftshistorischen Quellen des 17. Jahrhunderts.

Allein in den zurückliegenden achteinhalb Jahrzehnten unseres Jahrhunderts sind zehn Editionen dieser Schrift erschienen.[1]

Den Reigen eröffnete 1902 die erste Ausgabe in Nicolai Stenonis Muttersprache[2]; 1904 gefolgt von dem bislang einzigen Faksimile des Florentiner Erstdrucks[3], den Karl Alfred von Zittel (1839–1904) bereits 1899 als eine „bibliographische Seltenheit"[4] empfand. Eine lateinische Ausgabe enthalten die von Edvard Vilhelm Maar (1871–1940) edierten *„Opera Philosophica"*[5]; Übersetzungen in die englische, deutsche, italienische und russische Sprache folgten.[6]

1. Vgl. Snorrason, E.: Bibliography of Papers on Natural Science by Nicolaus Steno. – In: Poulsen, J. E.; Snorrason, E. (Hrsg.): Nicolaus Steno, 1638–1686, A Re-consideration by Danish Scientists. – Gentofte: Nordisk Insulinlaboratorium 1986, S. 217–218.

2. Krogh, A.; Maar, V. (Übers.): Foreløbig Meddelelse til en Afhandling om faste Legemer. København: Gyldendal 1902.

3. Junk, E. W. (Hrsg.): Viri celeberrimi Nicolai Stenonis Dani De Solido intra Solidum. – Berlin 1904.

4. Zittel, K. A.: Geschichte der Geologie und Paläontologie. – München, Leipzig: Verlag R. Oldenburg 1899, S. 33.

5. Maar, V. (Hrsg.): Nicolaus Stenonis Opera Philosophica. – Kopenhaven: Vilhelm Tryde MCMX, Bd. II, S. 181–227.

6. Winter, J. G. (Hrsg.): The Prodromus of Nicolaus Steno's Dissertation concerning a solid body enclosed. – New York: University Michigan 1916; Mieleitner, K. (Übers.): Vorläufer einer Dissertation über feste Körper, die innerhalb anderer fester Körper von Natur aus eingeschlossen sind (Ostwald's Klassiker der exakten Wissenschaften, Nr. 209). – Leipzig: Akademische Verlagsgesellschaft 1923; Montalenti, G. (Übers.): Nicolò Stenoni, Prodromo di una Dissertazione sui corpi solidi. Roma 1928; Šafranovskij, I. I. (Hrsg.): N. Stenon. O tverdom, estestvenno soderšaščemsja v tverdom. – Moskva, Leningrad: Izd-vo AN SSSR 1957.

Die Nicolaus-Stenonis-Forschung hat manches wertvolle Detail zutage gefördert. Besonders verdient gemacht hat sich dabei Gustav Scherz, dem wir neben zahlreichen anderen Arbeiten eine zweibändige Edition des Briefwechsels von Nicolaus Stenonis verdanken.[7]

Inzwischen zählen die wissenschaftshistorischen Publikationen über Nicolaus Stenonis nach Hunderten; die Literatur über den „*Dissertationis Prodromus*" ist schier unüberschaubar.[8] Dennoch ist die Auseinandersetzung mit Nicolaus Stenonis und um die historische Bedeutung seiner wissenschaftlichen Leistung längst nicht beendet. Sie ist durch den Gegensatz von unkritischer Wertschätzung und abwertender Kritik gleichermaßen belastet wie durch die Extreme religiösen Interpretierens und wissenschaftlichen Urteilens.

Sehr vielen Arbeiten ist eigentümlich, daß sie einzelne Aspekte des „*Dissertationis Prodromus*" herausheben, darüber jedoch die gedankliche Geschlossenheit der Abhandlung vergessen.

Euphorisch wurde Nicolaus Stenonis zum Vater mehrerer Wissenschaften gemacht; die Paläontologie, Stratigraphie und Kristallographie habe er begründet, sagt man[9]. Neuere Arbeiten zur Entstehung wissenschaftlicher Disziplinen haben die Unhaltbarkeit solcher Meinungen gezeigt.[10]

Mineralogen und Kristallographen wissen, Nicolao Steno-

7. Scherz, G. (Hrsg.): Nicolai Stenonis Epistolae et Epistolae ad eum datae, Tomus prior et Tomus posterior. – Hafniae: Nyt Nordisk Forlag Arnold Busck, Friburgi: Verlag Herder MCMLII.

8. Jensen, M.: Bibliographia Nicolai Stenonis (1638–1686). – Mørke: Impetus 1986.

9. Scherz, G.: Niels Stensen. Denker und Forscher im Barock, 1638–1686. – Stuttgart: Wissenschaftliche Verlagsgesellschaft 1964, S. 221.

10. Guntau, M.: Die Genesis der Geologie als Wissenschaft (Schriftenreihe für Geologische Wissenschaften, H. 22). – Berlin: Akademie-Verlag 1984; Fabian, E.: Die Entdeckung der Kristalle. Der historische Weg der Kristallforschung zur Wissenschaft. – Leipzig: Deutscher Verlag für Grundstoffindustrie 1986.

nis wird die Entdeckung des Gesetzes der Winkelkonstanz zugeschrieben, was falsch ist[11]. Paläontologen erinnern sich seiner Interpretation der Glossopetrae, der sogenannten „Zungensteine", als fossile Haifischzähne; Geologen seiner Erkenntnis des Lagerungsgesetzes der Sedimente, was beides wahr ist[12].

Vorgeworfen wird Nicolao Stenonis, daß er an die Sintflut glaubte[13]; manche sehen in ihm den Begründer des Neptunismus[14], andere des Aktualismus[15]; wieder andere heben sein historisches Denken hervor[16].

Uns gefällt Nicolai Stenonis klarer Stil, sein prägnanter Ausdruck; Alexander von Humboldt (1769—1859) empfand die Abhandlung als „trostlos wortkarg"[17].

Indes machen weder die einzelne Erkenntnis, noch der einzelne Irrtum Wert oder Unwert des *„Dissertationis Prodromus"* aus. Was uns faszinieren sollte, ist der wahrhaft geniale Entwurf eines in sich geschlossenen Konzepts für die einheitliche Erklärung der naturgesetzlichen Entstehung geologischer und mineralogischer Objekte, dessen Stützen die aktualistische Methode und das historische Denken sind. Hinter

11. Schafranovski, I.: Die krystallographischen Entdeckungen N. Stensens. — In: Scherz, G. (Hrsg.): Steno as Geologist. — Odense: University Press 1971, S. 244—259; Fabian, E.: Die Entdeckung der Kristalle. Der historische Weg der Kristallforschung zur Wissenschaft. — A. a. O., S. 46—53.

12. Vgl. Hölder: Geologie und Paläontologie in Texten und in ihrer Geschichte. — Freiburg: Verlag Karl Alber 1960, S.24—28, 362—363.

13. Blei, W.: Erkenntniswege zur Erd- und Lebensgeschichte. Ein Abriß (Wissenschaftliche Taschenbücher, Bd. 219). — Berlin: Akademie-Verlag 1981, S. 33, 126.

14. Hölder, H.: Geologie und Paläontologie in Texten und in ihrer Geschichte. — A. a. O., S. 27.

15. Becksmann, E.: N. Steno (1638—1686) und seine Stellung in der Geschichte der Geologie. — Zeitschrift der Deutschen Geologischen Gesellschaft, Berlin 91 (1939), S. 329—336; Bühlow, K. v.: Steno's aktualistisch-geologische Arbeitsweise. — In: Scherz, G. (Hrsg.): Steno as Geologist. — A. a. O., S. 149—162.

16. Guntau, M.: Die Genesis der Geologie als Wissenschaft. — A. a. O., S. 100.

17. Vgl. Blei, W.: Erkenntniswege zur Erd- und Lebensgeschichte. Ein Abriß. — A. a. O., S. 247.

der gedanklichen Geschlossenheit dieses Konzepts verblassen Irrtum, Einseitigkeit und zeitbedingte Beschränktheit.

Um dies verstehen, um überhaupt Nicolaum Stenonis und seinen „*Dissertationis Prodromus*" begreifen zu können, müssen wir uns mit seinem widersprüchlichen Leben und Wirken beschäftigen; mehr noch, seine aus seiner Zeit herausragende Leistung aus eben jener Zeit zu begreifen suchen. Erst dadurch werden Größe und Grenzen des „*Dissertationis Prodromus*" sichtbar. Der diese Ausgabe beschließende Essai versucht eine solche Annäherung an Nicolaus Stenonis und sein Werk.

Zwei Jubiläen liegen dicht beieinander. Am 5. Dezember 1986 gedachte die wissenschaftliche Welt der dreihundertsten Wiederkehr des Todestages Nicolai Stenonis; am 11. Januar 1988 jährt sich sein Geburtstag zum dreihundertfünfzigsten Mal.

Das ist eine schöne Gelegenheit, Nicolai Stenonis „*De solido intra solidum*" als Faksimile der Florentiner Erstausgabe wieder einer breiteren Öffentlichkeit zugänglich zu machen. Im deutschsprachigen Raum ist Nicolai Stenonis „*Dissertationis Prodromus*" vor allem durch die 1923 in „Ostwald's Klassikern der exakten Wissenschaften" erschienene Übertragung Karl Mieleitners (1890–1923) bekannt geworden. Diese Übersetzung ist heute bereits selbst ein wissenschaftshistorisches Dokument eigener Authentizität. Daher lag es nahe, dem Faksimile diese Übersetzung beizugeben.

Abweichungen vom Original sowie geringfügige Ungenauigkeiten sind dabei stillschweigend korrigiert, auf eine zusätzliche Kommentierung der Übersetzung ist verzichtet worden. Lediglich den Anmerkungen Karl Mieleitners sind Zusätze hinzugefügt worden, wo immer das notwendig erschien.

Herrn BR Dr. Karl-Heinz Jügelt, Direktor der Universitätsbibliothek Rostock, bin ich zu großem Dank verpflichtet.

Seinem Entgegenkommen ist geschuldet, daß das Rostocker Exemplar von Nicolai Stenonis *„De solido intra solidum naturaliter contento Dissertationis Prodromus“* als Faksimile wiedergegeben werden konnte.

Bei den Arbeiten am Manuskript stand mir, wie stets, meine Frau als unermüdliche, geduldige und kritische Partnerin zur Seite. Ihr gilt mein ganz herzlicher Dank.

Zu besonderem Dank verpflichtet fühle ich mich dem Akademie-Verlag Berlin für die Bereitschaft, diese Ausgabe zu veranstalten. Insbesondere die Lektorin, Frau Dipl.-Phys. Helga Müller, hat sich mit Engagement dieser Aufgabe angenommen. Nicht zuletzt danke ich allen an der Gestaltung und technischen Ausführung Beteiligten, unter ihnen vor allem dem Graphiker, Herrn Günter Schorcht.

Greifswald, im Frühling 1987 — Eginhard Fabian

OSTWALD'S KLASSIKER DER EXAKTEN WISSENSCHAFTEN

begründet von
WILHELM OSTWALD
fortgeführt von
A. v. OETTINGEN

Neu herausgegeben von
WOLFGANG OSTWALD

1923
Akademische Verlagsgesellschaft m. b. H.
Leipzig

VORLÄUFER EINER DISSERTATION ÜBER FESTE KÖRPER,

die innerhalb anderer fester Körper von Natur aus eingeschlossen sind

von

Nikolaus Steno

Florenz 1669

Übersetzung von
Karl Mieleitner

Mit einer Tafel

1923
Akademische Verlagsgesellschaft m. b. H.
Leipzig

(1)* ERLAUCHTESTER GROSSHERZOG.

Den Wanderern, die fremde Gegenden durchstreifen, kommt es häufig vor, daß sie auf ihrem Marsch durch rauhes Gebirgsland einer Stadt zustreben, die auf dem Scheitel der Berge gelegen ist und der sie sich sehr nahe glauben, sobald sie sie erblickt haben; die vielfachen Umwege trüben ihre Hoffnungen jedoch bis zum Widerwillen. Es sind nämlich nur die zunächst gelegenen Gipfel zu sehen, was aber dahinter verborgen ist, ragende Hügel, tiefe Täler oder weite Ebenen, übertrifft meistenteils ihre Vermutungen, da sie sich selbst schmeicheln und deshalb die Entfernungen der Örtlichkeiten ihrem Verlangen entsprechend bemessen. Ebenso verhält es sich mit jenen Männern, die zur wahren Kenntnis der Dinge (2) mit Hilfe von Versuchen gelangen wollen; sobald ihnen nämlich einige Anzeichen einer unbekannten Wahrheit erscheinen, glauben sie, daß sogleich die ganze Sache entdeckt würde und sie konnten noch niemals richtig die Zeit berechnen, die erforderlich ist, um jene gehäufte Reihe von Schwierigkeiten zu lösen, die allmählich und wie aus dem Verborgenen hervortretend immer neue Hindernisse bereiten und den seinem Ziele Zustrebenden hemmen. Einige allgemeine und bekanntere Schwierigkeiten zeigt der Anfang einer Arbeit allerdings; aber was alles darin inbegriffen ist, bald Falsches zu zerstören, bald Richtiges festzustellen, bald Dunkles aufzuhellen und bald Unbekanntes hervorzubringen, das kann selten jemand entdecken ehe er durch den Faden der Untersuchung dahin geführt wird. Ganz richtig wies Democritus als

* Die in Klammern beigefügten Zahlen geben die Seitenzahlen des Originals an. *(Diese Erläuterung gibt Mieleitner im Vorwort zur Übersetzung. Auf dieses, auf den Nachtrag zum Vorwort sowie auf Mieleitners Einleitung wurde beim voliegenden Nachdruck verzichtet. – E. F.)*

Beispiel auf eine Zisterne hin, bei der man die zum Ausschöpfen nötige Arbeit und Zeit nur durch wirkliches Ausschöpfen ermessen könne, da die Zahl und Mächtigkeit der verborgenen Wasseradern die Menge des zuströmenden Wassers ungewiß macht. Wundere Dich daher nicht, ERLAUCHTESTER FÜRST, wenn ich sagen möchte, daß jene Untersuchung, zu der mir Haifischzähne[1] Veranlassung gaben, erst in einem ganzen Jahr und darüber hinaus ihrem Ende nahe ist, aber nicht in einigen Tagen. Nachdem ich nämlich wiederholt die Örtlichkeiten besichtigt hatte, wo Muschelschalen und andere derartige Erzeugnisse des Meeres ausgegraben werden, und darauf kam, es seien jene Örtlichkeiten Sedimente eines überflutenden Meeres, ferner, es lasse sich an den einzelnen Stellen die Zahl feststellen, wie oft sie das Meer überflutet habe, bildete ich mir sogleich vorschnell ein, die ganze Untersuchung sei eine Arbeit, die sehr wenig Zeit erfordere (3) und gab auch obendrein anderen Personen unbesorgt die gleiche Versicherung. Bei genauerer Einzelbetrachtung der Örtlichkeiten und Körper drängen sich mir indessen tagtäglich derartige Zweifel auf, die durch ein unauflösliches Band gegenseitig verknüpft scheinen, daß ich mich öfters gewissermaßen wie in Fesseln geschlagen sah, als ich mich schon dem Ziele ganz nahe glaubte. Ich möchte sagen, daß jene Zweifel den Köpfen der Lernäischen Hydra gleichen, da sogleich unzählige andere nachwachsen, wenn einer von ihnen ausgetilgt wird; wenigstens fand ich mich gewissermaßen in einem Labyrinth umherirrend, wo man um so größere Bögen beschreibt, je näher man an den Ausgang kommt.

Aber ich will nicht dabei verweilen, diese meine Langsamkeit zu entschuldigen, da Du aus langer Erfahrung zur Genüge weißt, wie kompliziert eine Sache ist, die durch Versuche verwickelt ist. Was aber den Umstand anlangt, daß ich nach Überwindung eines großen Teiles der besagten Arbeit und während auf dem Gebiet der Anatomie noch Forschungen ausstehen, alles abbreche und um die Erlaubnis bitte, in mein Vaterland zurückkehren zu dürfen, so wäre dafür eine Entschuldigung notwendig, wenn ich nicht wüßte, daß Dir bei den Untertanen eines anderen Fürsten dieser Gehorsam nicht mißfallen wird, der Dir bei einer ähnlichen Gelegenheit von Deinen Untertanen angenehm wäre. Diese meine Hoffnung auf Deine Leutseligkeit wird zur Gewißheit gemacht durch das einzig dastehende Wohlwollen, mit dem Du meinen fortschreitenden Studien freigebige Unterstützung zuerkanntest und mir gleichwohl die volle Freiheit wegzugehen, so oft es die Umstände erfordern, gewahrt wissen wolltest. Da ich nun nicht mehr wagen darf, auf die zur Beendigung der begonnenen Arbeiten nötige Muße zu warten (4), werde ich bei der Erfüllung meiner Versprechungen das tun, was den infolge von Schulden Gepfändeten häufig gelegen ist; da sie nicht das haben, womit sie sich auslösen könnten, lösen sie das aus, was sie haben, um nicht aus dem öffentlichen Leben ausscheiden zu müssen. Ebensowenig kann ich alles ausführen, was ich Dir darzubieten hätte, und um nicht den Anschein zu erwecken, als hätte ich leere Worte gemacht, werde ich die Hauptsache von dem, was ich ausgeführt habe, darbieten.

Gern hätte ich alles verschoben, bis es mir nach meiner Rückkehr in mein Vaterland möglich gewesen wäre, die Einzelheiten zu beendigen, aber ich erwarte dort das gleiche Geschick, das ich überall bisher erfuhr, nämlich daß immer neue Arbeiten der Vollendung der ersten Arbeiten entgegenstehen. Die Absicht, die Drüsen des ganzen Körpers zusammenzustellen, wurde durch die spezielle Erforschung des wunderbaren Baus des Herzens unterbrochen und die bereits begonnenen Untersuchungen über das Herz durchkreuzten Todesfälle der Meinigen. Um mich nicht bei einer genauen Beschreibung der Muskeln verweilen zu lassen, haben uns Deine

Meere einen Hai von abenteuerlicher Größe dargeboten und während ich mich ganz den gegenwärtigen Versuchen ergeben habe, lädt mich der Mann zu anderen ein, dessen Wink zu gehorchen das Naturgesetz befiehlt und seine großen Verdienste gegen mich und die Meinen mahnen. In welcher Absicht das alles geschehen mag, will ich nicht ängstlich untersuchen und vielleicht mir zuschreiben, was einer höheren Macht zu verdanken ist; wenn nicht von mir stammenden Entdekkungen eine lange Überlegung gewissermaßen etwas von mir hinzugefügt hätte und sicher, wenn ich beim Ausbauen einer Entdeckung zu lange verweilt hätte, so hätte ich mir selbst den Zugang zur Auffindung des Übrigen versperrt. Da ich nun nicht weiß, welche anderen Versuche und Studien meiner an anderem Orte harren (5), halte ich es für das beste, das ich tun kann, hier diese Ausführung *über feste Körper, die innerhalb anderer fester Körper von Natur aus eingeschlossen sind,* zu machen. Sie sollen Dir ein Unterpfand dafür sein, mit welcher Dankbarkeit ich der empfangenen Wohltaten gedenke und anderen Männern, die nach ihrem Wunsch Muße haben, Gelegenheit geben, die Studien in der Physik und Geographie mit größerem Gewinn zu betreiben.

Was nun die Erzeugung von festen Körpern anlangt, die innerhalb anderer fester Körper von Natur aus eingeschlossen sind, so werde ich zuerst die Methode der Dissertation in Kürze andeuten, hierauf in wenigen Worten berichten, was im einzelnen ihr Inhalt ist.

Die Dissertation selbst hatte ich in vier Teile geteilt, deren erster nach Art eines Vorwortes zeigt, daß die Untersuchung der aus dem Meere stammenden, aber weit vom Meer entfernt gefundenen Körper alt, angenehm und nützlich ist, ferner daß die Lösung dieser Untersuchung in den ersten Zeiten weniger zweifelhaft war, in den uns nächstliegenden Jahrhunderten aber sehr ins Ungewisse verschwamm. Hierauf werden die Gründe auseinandergesetzt, warum man später von der Ansicht der Alten abwich und warum bisher niemand den Streit von neuem entschied, obgleich sehr zahlreiche, vorzügliche Schriften vieler Autoren vorhanden sind. Endlich kehre ich zu Dir zurück und zeige, daß wir hoffen dürfen, auch an diese Frage bald die letzte Hand zu legen, nachdem schon sehr viele andere Dinge unter Deinen Auspizien teils neu aufgefunden, teils von alten Zweifeln befreit wurden.

Im zweiten Teil wird das allgemeine Problem aufgerollt, von dem die Lösung der einzelnen Schwierigkeiten abhängt, nämlich: *„Bei einem mit bestimmter Gestalt versehenen und gemäß den Naturgesetzen erzeugten Körper in dem Körper selbst Beweise zu finden* (6), *die den Ort und die Art seiner Erzeugung offenbaren"*. Bevor ich an die Lösung des Problems herantrete, bemühe ich mich hier alle in ihm enthaltenen Worte in einem Sinne auseinanderzusetzen, daß keiner philosophischen Sekte ein Zweifel und ein Streit über ihre Bedeutung übrig bleibt.

Den dritten Teil bestimmte ich zur Untersuchung der einzelnen festen Körper, die in anderen festen Körpern eingeschlossen sind, gemäß den Gesetzen, die bei der Lösung des Problems gefunden wurden.

Der vierte Teil zeigt die verschiedenen Zustände Toskanas, die durch die historischen und naturwissenschaftlichen Schriftsteller noch nicht berührt wurden, und setzt die Art der Sintflut[2)] auseinander, die den Gesetzen für die Bewegung der natürlichen Körper nicht widerspricht.

Ich hatte begonnen, das Werk in italienischer Sprache auszuarbeiten, teils weil ich wußte, daß ich Dir damit einen Gefallen erweisen würde, teils um der erlauchten Akademie, die mich unter die Zahl ihrer Mitglieder aufgenommen hat, zu beweisen, daß ich trotz aller Unwürdigkeit für diese Ehre gleichwohl aufs höchste darnach strebe die Versuche zu zeigen, mittelst derer ich mich bemühe zu einer gewissen Kenntnis der italienischen Sprache zu gelangen. Nicht ungern sehe ich mich nun vor die Notwendigkeit gestellt, die Ausarbeitung der Schrift zu verschieben; einerseits verspricht mir nämlich die bevorstehende Reise eine umfangreichere Kenntnis der zur Aufhellung der Frage dienenden Dinge und andererseits darf ich mir auch mit der Zeit glücklichere Fortschritte im Studium der Sprache erhoffen.

Was nun die Dinge selbst anlangt, die ich auf die geschilderte Methode auseinandergesetzt habe, so wäre es zu weitläufig, alle Beobachtungen mit den daraus gezogenen Schlußfolgerungen niederzuschreiben. Ich werde daher bald Folgerungen, bald Beobachtungen beibringen, je nachdem es geeigneter erscheint um die wichtigsten Dinge (7) kurz und, soweit möglich, klar auseinanderzusetzen.

Die Tatsache, daß bei Aufrollung einer naturwissenschaftlichen Frage sehr viele Zweifel nicht nur unentschieden bleiben, sondern meistens auch noch um so zahlreicher werden, je mehr Schriftsteller sich damit beschäftigen, scheint mir besonders aus zwei Ursachen zu entspringen.

Die erste Ursache ist, daß nur wenige Autoren alle jene Schwierigkeiten zur Untersuchung vornehmen, ohne deren Lösung auch die Lösung der Frage selbst nur eine teilweise und unvollkommene bleibt. Ein deutliches Beispiel dafür ist die vorliegende Frage. Den Alten machte nur eine einzige Schwierigkeit zu schaffen, nämlich wie Körper aus dem Meere an Stellen fern vom Meere zurückgeblieben sind und niemals tauchte die Frage auf, ob nicht ähnliche Körper auch anderswoher als aus dem Meere stammen könnten. In der späteren Zeit wurde die Schwierigkeit der Alten nur mehr weniger betont, da fast alle Autoren sich mit der Untersuchung des Ursprungs der besagten Körper beschäftigten; diejenigen, die sie dem Meere zuschrieben, bemühen sich zu zeigen, daß derartige Körper nicht anders entstehen konnten, und diejenigen, die sie der Erde zuschrieben, stellten in Abrede, es könne das Meer jene Stellen bedeckt haben, und waren voll Eifer, dabei die Kräfte der so wenig gekannten Natur zu rühmen, die befähigt seien beliebige Dinge hervorzubringen. Eine dritte Meinung mag vielleicht annehmen, daß ein Teil der erwähnten Körper der Erde, ein Teil dem Meere zuzuschreiben ist. Fast überall jedoch herrscht über den Zweifel der Alten tiefes Stillschweigen, nur daß einige von Überschwemmungen und von einer ich weiß nicht wie undenkbaren Reihe von Jahren reden (8), aber nur nebenbei und gleichsam bei anderer Gelegenheit. Um daher den Gesetzen der Analyse nach Kräften zu genügen, habe ich das Gewebe dieser Untersuchung so oft gesponnen und wieder aufgelöst und ihre einzelnen Teile durchforscht, bis ich weder bei der Lektüre der Autoren, noch bei den Einwänden meiner Freunde und bei der Besichtigung der Örtlichkeiten eine Schwierigkeit übrig sah, die ich nicht entweder gelöst habe oder bei der ich doch bestimmt habe, wieweit sie mit Hilfe der mir bisher bekannten Tatsachen gelöst werden kann. Die erste Frage war, ob die als Glossopetrae Melitenses[3)] bezeichneten Körper einst Zähne von Haifischen waren, und diese Frage war zugleich offenbar gleichbedeutend mit der allgemeinen Frage, ob diejenigen Körper, die solchen aus dem Meere ähnlich sind, aber fern vom Meere aufgefunden werden, einst im Meere hervorgebracht wurden. Man findet nun in der Erde auch andere, jenen Körpern ähnliche Gebilde, die in süßen Gewässern, in der Luft und in anderen flüssigen Stoffen wachsen, und wenn wir der Erde die Kraft zugestehen diese Körper hervorzubringen, so können wir ihr nicht die Fähigkeit absprechen, die übrigen zu erzeugen. Es ist daher nötig, diese Frage auf alle jene Körper auszudehnen, die aus der Erde ausgegraben werden und jenen Körpern ähnlich sind, die sonst in Flüssigkeiten vor unseren Augen wachsen, aber auch vielfach in Felsen aufgefunden werden und eine bestimmte Gestalt besitzen. Wenn man annimmt, daß diese Körper durch die Kraft des betreffenden Ortes hervorgebracht sind, muß man unbedingt auch zugeben, daß alle übrigen Körper durch die gleiche Kraft erzeugt wurden, und so sehe ich mich schließlich vor die Notwendigkeit gestellt, bei jedem beliebigen festen Körper, der von Natur aus innerhalb anderer fester Körper eingeschlossen ist, zu untersuchen, ob er an der Stelle, wo er gefunden wird, entstanden ist. Zu diesem Zwecke mußte die Natur (9) sowohl desjenigen Ortes untersucht werden, in dem man die betreffenden Körper findet, als auch die desjenigen Ortes, in dem er entstanden ist. Da nun weiterhin der Ort der Entstehung nicht zu bestimmen ist, wenn man die Art der Entstehung nicht kennt und wiederum jede Erörterung über die Art der Entstehung zwecklos ist, wenn wir nicht über die Natur der Materie eine bestimmte Kenntnis besitzen, so ersieht man daraus, wie viele Fragen gelöst werden müssen, um einer einzigen Frage Genüge zu tun.

Die zweite Ursache, eine Nährerin von Zweifeln, scheint mir die zu sein, daß bei der Untersuchung naturhistorischer Dinge nicht unterschieden wird zwischen dem, was mit Sicherheit nicht bestimmt werden kann, und dem, was mit Sicherheit bestimmt werden kann. Daher kommt es, daß die Philosophen hauptsächlich in zwei Sekten zerfallen, nämlich in diejenigen, die es für bedenklich halten auch Beweisen selbst Glauben zu schenken aus Besorgnis, sie könnten mit dem gleichen Irrtum behaftet sein, den sie bei anderen Behauptungen häufig entdeckten, und in diejenigen, die im Gegensatz dazu auf keine Weise dulden würden, daß man ihnen die Beschränkung auferlegt nur das für wahr zu halten, was jeder glauben muß, der bei gesundem Verstand ist und gesunde Sinne besitzt, da sie in der Überzeugung leben, daß all das wahr sei, was ihnen selbst für schön und geistvoll vorkommt. Haben doch selbst Verteidiger der Erfahrungswissenschaft selten jenes Maß gehalten und entweder alle, auch die sichersten Grundsätze der Natur abgelehnt, oder die von ihnen erfundenen Grundsätze als bewiesen angenommen. Um auch diese Klippe zu vermeiden, glaubte ich daher in der Physik mit größtem Eifer betreiben zu müssen, was Seneca bezüglich der Vorschriften über die Sitten einschärft. Er behauptet nämlich, daß jene Sittenvorschriften die besten seien, die allgemein verbreitet sind (10), die öffentlich befolgt werden und bezüglich derer alle Peripatetiker, Akademiker, Stoiker und Kyniker jeder Schule übereinstimmen, und ebenso müssen sicher auch jene Grundsätze der Natur die besten sein, die allgemein verbreitet und bekannt sind, welche alle Anhänger aller Schulen anerkennen, sowohl die in allem Neuerungssüchtigen, wie auch die Anhänger älterer Meinungen.

Ich will deshalb nicht festsetzen, ob sich die Teilchen eines natürlichen Körpers hinsichtlich ihrer Form ändern oder nicht ändern können, ob es winzige Hohlräume gibt oder nicht gibt, ob jene Teilchen außer Ausdehnung und Härte noch etwas Anderes uns Unbekanntes besitzen; über alle diese Fragen herrscht nämlich keine Übereinstimmung und ein Beweis, in dem ich behaupte, es gäbe etwas bei irgendeiner Sache, steht auf schwachen Füßen, wenn ich dieses Etwas dort nicht beobachte.

Ohne Bedenken stelle ich jedoch folgende Behauptungen auf:

1. Ein natürlicher Körper ist ein Haufe von unfühlbaren Teilchen, zugänglich für Einflüsse, die von einem Magneten, vom Feuer und manchmal auch vom Licht entspringen und bei dem sich irgendwie entweder zwischen den Teilchen oder in den Teilchen selbst oder an beiden Stellen offene Wege auffinden lassen[4].

2. Ein fester und ein flüssiger Körper sind darin verschieden, daß bei einem flüssigen die unfühlbaren Teilchen in be-

ständiger Bewegung sind und sich voneinander entfernen, bei einem festen dagegen die unfühlbaren Teilchen sich zwar vielleicht manchmal bewegen, aber kaum je voneinander entfernen, solange jener feste Körper fest und ganz bestehen bleibt.

(11)3. Während sich ein fester Körper bildet, bewegen sich seine Teilchen von einer Stelle an eine andere.

4. Bis jetzt ist uns an der Natur der Materie nichts bekannt, mit dessen Hilfe man den Anfang einer Bewegung und die Wahrnehmung einer Bewegung erklären könnte, jedoch kann sich die Richtung[5)] einer Bewegung aus drei Ursachen ändern:

1.[6)] Durch die Bewegung des Fluidums[7)], das alle Körper durchströmt; wir sagen, was auf diese Weise entsteht, entstehe von Natur aus.

2. Durch die Bewegung lebender Wesen; vieles, was auf diese Art durch den Menschen entsteht, nennt man künstlich.

3. Durch eine erste und unbekannte Ursache der Bewegung; daß in den Erzeugnissen, die auf diese Art entstehen, etwas Göttliches liegt, haben selbst die Heiden geglaubt. Wenn man in Abrede stellt, daß auf diese Weise Wirkungen hervorgebracht werden können, die dem gewohnten Lauf der Natur entgegengesetzt sind, so heißt das soviel als in Abrede stellen, daß der Mensch die Macht hat, den Lauf der Flüsse zu verändern, mit Segeln gegen die Winde anzukämpfen, Feuer an Orten anzuzünden, wo sie ohne ihn niemals angezündet würden, ein Licht auszulöschen, das sonst nur durch Mangel an Brennstoff erlöschen würde, den Zweig einer Pflanze einer anderen aufzupfropfen, mitten in den Wintermonaten Sommerfrüchte hervorzubringen, in der Sommerglut Eis zu erzeugen und tausenderlei ähnliche derartige Dinge, die den gewohnten Naturgesetzen widerstreben. Wenn selbst wir, die wir den Bau unserer und der anderen Körper nicht kennen, täglich die Richtung der natürlichen Bewegungen ab-

ändern, wie sollte der ihre Richtung nicht abändern können, der unseren Bau und den ganzen Bau aller Dinge nicht nur kennt, (12) sondern hervorgebracht hat? Die Absicht aber, bei Kunstprodukten den Geist des frei schaffenden Menschen zu bewundern und den Erzeugnissen der Natur einen freien Beweger abzusprechen, würde mir bei ihrer großen Feinheit als Einfalt erscheinen, da doch der Mensch bei seinen kunstvollen Leistungen nur durch einen Nebel sieht, was er getan hat, was für ein Organ er benutzt hat und was für eine Ursache das besagte Organ bewegt hat.

Das alles setze ich in der Dissertation selbst ausführlicher auseinander und belege es mit Versuchen und Gründen, woraus hervorgeht, daß es keinen Philosophen gibt, der nicht entweder das gleiche sagt, vielleicht nicht immer mit denselben Worten, oder, wenn er etwas davon Verschiedenes sagt, wenigstens derartige Zugeständnisse macht, daß sich diese Folgerungen daraus mit Notwendigkeit ergeben. Meine Ausführungen über die Materie nun gelten für alle Fälle, gleichviel ob nun jemand unter Materie die Atome[8)] versteht, oder auf tausenderlei Arten veränderliche Teilchen[9)], oder die vier Elemente, oder die chemischen Grundstoffe, soviel ihrer von den verschiedenen Chemikern verschiedene angenommen werden; ebenso kommt das, was ich über die Richtung der Bewegung gesagt habe, jedem sich bewegenden Ding zu, mag man es nun bewegende Form nennen oder von der Form ausströmende Eigenschaften, oder Idee, oder gewöhnliche feine Materie, oder besondere feine Materie, oder besondere Seele, oder Weltseele, oder unmittelbaren Zustrom Gottes.

Hierauf erkläre ich jene in den allgemeinen Gebrauch übergegangenen verschiedenen Ausdrucksweisen, durch die wir die verschiedenartige (13) Erzeugung verschiedener, manchmal auch der gleichen Körper verschieden erklären. Was irgend etwas beiträgt zur Erzeugung eines Körpers, das tritt als

Ort, oder als Materie, oder als bewegende Kraft in Tätigkeit; hier, während ein Ähnliches etwas anderes sich selbst Ähnliches hervorbringt, dort, indem es Ort, Materie und Bewegung der Erzeugung zusammenbringt, wie ein Pflänzchen, das im Samen einer Pflanze eingeschlossen ist, von einer anderen Pflanze sowohl die Materie hatte, in der es entstanden ist, als auch die Materie aus der es entstanden ist, und die Bewegung der Teilchen, durch seine Gestalt entstand; das gleiche trifft mit Gewißheit zu bei den Lebewesen, die im Ei ähnlicher Lebewesen eingeschlossen sind.

Während die besondere Form oder Seele etwas erzeugt, werden die Bewegungen der Teilchen bei der Erzeugung jenes Körpers bestimmt von einem besonderen bewegenden Agens, sei dasselbe nun das bewegende Agens eines anderen ähnlichen Körpers oder etwas anderes diesem bewegenden Agens Ähnliches.

Was angeblich von der Sonne hervorgebracht wird, hat die Bewegung seiner Teilchen von den Sonnenstrahlen, und auf gleiche Weise werden die Körper, die dem Einfluß der Gestirne zugeschrieben werden, von den Gestirnen die Bewegung ihrer Teilchen haben können. Da es nämlich sicher ist, daß unsere Augen vom Licht der Gestirne bewegt werden, so wird es auch unbestreitbar sein, daß der übrige Teil der Materie ebenfalls von ihnen bewegt werden kann.

Was die Erde hervorbringt, hat von ihr nichts anderes als den Ort, in dem es erzeugt wird, und die Materie, die ihm durch die Hohlräume des Ortes zuströmt.

Was von der Natur hervorgebracht wird, hat die Bewegung seiner Teilchen (14) von der Bewegung des durchdringenden Fluidums[10)], mag nun dieses Fluidum von der Sonne kommen oder von dem Feuer, welches in der irdischen Materie enthalten ist, oder auch von irgendeiner anderen uns unbekannten Ursache, wie einem Werkzeug der Seele usw.

Wer also die Erzeugung irgendeines Dinges der Natur zuschreibt, nennt den allgemeinen Beweger, der bei der Erzeugung aller Dinge auftritt; wer der Sonne eine Rolle zuteilt, bestimmt den gleichen Beweger genauer; wer die Seele oder die besondere Form nennt, gibt eine bestimmtere Ursache an, als es die übrigen sind. Wer jedoch alle Antworten gebührend erwägt, dem begegnet lauter Unbekanntes, da nun einmal Natur, Sonnenstrahlen, Seele und besondere Form Dinge sind, die nur dem Namen nach bekannt sind. Ferner muß bei der Erzeugung von Körpern außer dem bewegenden Agens auch die Materie und der Ort betrachtet werden. Wenn man nun sagt, daß die im Erdboden aufgefundenen Konchylien von der Natur erzeugt sind, so ist klar, daß nicht nur in der Antwort mehr Unbekanntes liegt als in der Frage, sondern daß sie auch durchaus unvollkommen ist, da auch jene Muscheln, die im Meere wachsen, das Werk der Natur sind. Die Natur bringt nun zwar alles hervor, da ja bei der Erzeugung aller Dinge das durchdringende Fluidum in Tätigkeit tritt; aber mit Recht könnte man auch sagen, daß die Natur nichts hervorbringt, da jenes Fluidum durch sich nichts bewirkt, indem es von der Materie das zu Bewegende und vom Orte die Richtung übernimmt. Ein Beispiel für einen derartigen Vorgang ist der Mensch: was er auch immer leistet, geschieht, wenn alles Nötige da ist, und wenn es fehlt, hat er nie etwas geleistet.

(15) Wer die Erzeugung irgendeines Dinges der Erde zuschreibt, nennt zwar den Ort, aber da die Erde wenigstens zum Teil für alle irdischen Dinge als Ort in Betracht kommt, ist mit dem Ort allein die Erzeugung eines Körpers nicht erledigt und man kann von der Erde dasselbe sagen wie von der Natur, daß nämlich alles, was in der Erde entsteht, von der Erde erzeugt wird, und daß von den Produkten der Erde keines von der Erde erzeugt wird.

Diese kurzen obigen Erläuterungen genügen zur Lösung aller Zweifel bezüglich der vorgelegten Frage, welche ich in den drei folgenden Sätzen hier zusammenfassen wollte.

I.

Wenn ein fester Körper von einem anderen festen Körper allseits umgeben wird, so ist derjenige von ihnen zuerst hart geworden, welcher bei der gegenseitigen Berührung auf seiner Oberfläche die Eigenschaften der Oberfläche des anderen Körpers ausdrückt[11]. Daraus folgt:

1. In jenen Erd- und Felsarten, die Kristalle[12], Selenite[13], Markasite[14], Pflanzen und ihre Teile, Knochen und Schalen von Tieren, sowie andere derartige, mit einer glatten Oberfläche versehene Körper allseitig umgeben und enthalten, sind jene Körper schon zu einer Zeit hart gewesen, in der die Materie der sie enthaltenden Erd- und Felsarten noch flüssig war; weit entfernt, daß jene Erd- oder Felsarten die in ihnen befindlichen Körper erzeugten, waren sie vielmehr noch gar nicht (16) vorhanden, als jene Körper dort schon entstanden waren.

2. Wenn ein Kristall in einem Kristall, ein Selenit in einem Selenit und ein Markasit in einem Markasit teilweise eingeschlossen ist, so waren die eingeschlossenen Körper schon erhärtet, als der betreffende Teil der sie enthaltenden Körper noch flüssig war.

3. In jenen Erd- und Felsarten, in welchen Scherben aus Kristall und Stein, Marmoradern, die Mineralien des Lasursteins, Silbers, Quecksilbers, Antimons, Zinnobers, Kupfers und ähnliche enthalten sind, waren die sie enthaltenden Körper schon zu der Zeit verhärtet, als die Materie der darin enthaltenen Körper noch flüssig war. Die Markasite wurden

also zuerst erzeugt, darauf die Steinarten, von denen die Markasite eingeschlossen werden, endlich die Adern von Mineralien, welche die Risse der Steinarten ausfüllen[15)].

II.

Wenn ein fester Körper einem anderen festen Körper nicht nur was die Bedingungen der Oberfläche anlangt, sondern auch bezüglich der Anordnung der Teile und Teilchen im Innern in allem ähnlich ist, so wird er ihm auch hinsichtlich der Art und des Ortes der Erzeugung ähnlich sein. Ausgenommen davon sind jene Bedingungen des Ortes, die öfters an einem beliebigen Ort angetroffen werden und der Erzeugung des Körpers weder zum Nutzen noch zum Nachteil gereichen. Daraus folgt:

(17) 1. Die Erdschichten stimmen hinsichtlich Ort und Art ihrer Entstehung mit jenen Schichten überein, welche das trübe Wasser absetzt.

2. Die Bergkristalle stimmen in Art und Ort ihrer Entstehung mit den Salpeterkristallen überein, wenn deshalb auch nicht nötig ist, daß die Flüssigkeit, in der sie entstanden sind, wässerig ist.

3. Jene Körper, die aus der Erde gegraben werden und die Teilen von Pflanzen und Tieren in allem ähnlich sind, entstanden auf dieselbe Weise und am nämlichen Ort wie auch die Teile von Pflanzen und Tieren selbst. Daß aber nicht eine unbestimmte Auslegung des „Ortes“ neue Zweifel erzeugt, will ich jener Schwierigkeit zuvorkommen.

Als „Ort“ verstehe ich jene Materie, die mit ihrer Oberfläche unmittelbar die Oberfläche des Körpers berührt, der an jener Stelle sein soll; die gleiche Materie läßt aber mancherlei Unterschiede zu, nämlich:

1.[16] Sie ist entweder ganz fest, oder ganz flüssig, oder teilweise fest und teilweise flüssig.

2. Sie ist entweder ganz durch sich selbst wahrnehmbar, oder zum Teil durch sich selbst wahrnehmbar, zum Teil durch Operationen.

3. Sie liegt entweder ganz dem Körper an, den sie in sich enthält, oder sie berührt diesen Körper auch nur teilweise.

4. Sie ist entweder stets die gleiche, oder sie ändert sich allmählich; so ist der Ort, in dem eine Pflanze erzeugt wird, jene der Pflanze ähnliche Materie, innerhalb welcher das Pflänzchen vorgebildet ist; so ist der Ort, in dem eine Pflanze wächst, jene ganze Materie, die mit ihrer Oberfläche unmittelbar die ganze Oberfläche der Pflanze berührt bestehend manchmal aus Erde und Luft (18), manchmal aus Erde und Wasser, manchmal aus Erde, Wasser und Luft, manchmal nur aus Stein und Luft, wie ich an unterirdischen Örtern öfters sah, daß Pflanzenwurzeln ganz an der Oberfläche von Tuff hängen und durchaus von keiner Erde bedeckt sind; so ist der Ort, wo nach dem Verblühen der Goldapfel wächst, zum Teil der ihm anhaftende Stiel, zum Teil die ihn umgebende Luft; so ist der Ort, wo das Wachstum eines Lebewesens beginnt, zum Teil das umgebende Amnionwasser, zum Teil die durch das Chorion durchdringenden Nabelstränge.

III.

Wenn ein fester Körper nach den Naturgesetzen entstanden ist, so ist er aus einer Flüssigkeit entstanden[17].

Bei der Entstehung eines festen Körpers wäre bald seine Umgrenzung, bald sein Wachstum zu betrachten; ich für meine Person nun gestehe einerseits gern ein, daß mir die Umgrenzung der meisten Körper nicht nur zweifelhaft, sondern gänzlich unbekannt ist, andererseits jedoch bin ich der Ansicht, daß die folgenden Angaben über das Wachstum ohne jeden Zweifel fast alle richtig sind.

Ein Körper wächst, während zu seinen Teilchen neue Teilchen hinzugefügt werden, die von einer äußeren Flüssigkeit abgesondert worden sind; diese Hinzufügung geschieht entweder unmittelbar durch die äußere Flüssigkeit oder durch Vermittlung einer oder auch mehrerer inneren Flüssigkeiten.

Was von der äußeren Flüssigkeit unmittelbar zu einem festen Körper hinzugefügt wird (19), gleitet bei manchen derselben durch sein eigenes Gewicht gegen den Boden, so bei den Sedimenten; bei anderen werden sie von der Flüssigkeit, die in bestimmter Weise gegen einen festen Körper strömt, entweder allseitig an dem festen Körper angelagert, so bei den Inkrustationen, oder nur an bestimmten Stellen der festen Oberfläche, so bei jenen Stoffen, die Fäden, Zweige und gewinkelte Körper zeigen[18)]. Hier ist nebenbei darauf hinzuweisen, daß die besagten Bildungsweisen andauern, bis ein bestimmter Raum ganz durch sie ausgefüllt ist; so entstehen Ausfüllungen, die bald einfach sind, bald aus Krusten, bald aus Sedimenten, bald aus gewinkelten Körpern, bald auch aus verschiedenen Körpern in bunter Mischung bestehen.

Diejenigen Teilchen, die durch Vermittlung der inneren Flüssigkeit an einem festen Körper angelagert werden, nehmen entweder die Form von Fasern an (dadurch, daß sie teils an den in die Länge eines eingezogenen Faserchens ausgedehnten Poren angelagert werden, teils in den Zwischenräumen der Faserchen von der durchströmenden Flüssigkeit in Gestalt neuer Fasern angeordnet werden), oder sie bilden einfache Ausfüllungen; aus diesen beiden Gattungen der Teile setzen sich Pflanzen und Lebewesen zusammen. Da ich in der Pflanzenanatomie weniger bewandert bin, will ich nicht bestimmen, ob es hier mehrere innere Flüssigkeiten gibt; bei den

Lebewesen gibt es sicher deren verschiedene, die ich in eine bestimmte Ordnung zu bringen suchen werde.

Außer der alles durchströmenden feinen Flüssigkeit beobachten wir bei den Lebewesen mindestens drei Arten von Flüssigkeiten; die erste davon ist die äußere, die zweite die gewöhnliche innere und die dritte die (20) den einzelnen Teilen besonders eigene innere. Unter der Bezeichnung „äußere Flüssigkeit" verstehe ich bei den Lebewesen jene, die nicht nur die unseren Augen ausgesetzte Oberfläche wie die Atmosphäre umgibt, sondern auch jene, die alle übrigen Oberflächen des Körpers berührt, welche Fortsetzungen der erwähnten Oberfläche durch größere Kanäle hindurch sind. Hierher gehört die gesamte Oberfläche der rauhen Arterie, welche von der durch die Atmung eingezogenen Luft berührt wird; die ganze Oberfläche des Weges der Nahrung, worunter ich Mund, Speiseröhre, Magen und Eingeweide verstehe; die ganze Oberfläche der Blase und Harnröhre; die ganze Oberfläche, welche die Verbindung mit dem Uterus herstellt, wenigstens in den Jahren der Pubertät; die ganze Oberfläche aller Exkretionsgefäße von den Kapillaren bis zu den Ostien, die in Ohren, Augenlider, Nasenlöcher, Augen, Weg der Nahrung, Blase, Harnröhre, Uterus und Haut ihren Inhalt ausscheiden. Ihre Aufzählung im einzelnen würde zeigen, daß in Wirklichkeit vieles zu den äußeren Bestandteilen gehört, das gewöhnlich zu den inneren, sogar zu den innersten gerechnet wird. Daraus ergibt sich:

1. Die innerhalb unseres Körpers erzeugten Würmer und Steinchen sind meistens in der äußeren Flüssigkeit entstanden.

2. Viele Bestandteile sind für gewisse Lebewesen notwendig, weil diese dort sind, nicht weil ohne sie das Lebewesen nicht bestehen kann.

Die Flüssigkeit, welche diese Oberflächen berührt, nenne

ich äußere, weil sie mit der umgebenden Flüssigkeit durch Kanäle in Verbindung steht und ohne Vermittlung von Kapillargefäßen, d. h. ohne Durchsiebung. Wenn sich nun auch (21) die Hohlräume, welche die genannten Flüssigkeiten enthalten, bisweilen schließen, so scheiden sie doch als Folge der erwähnten Tatschen jedesmal, wenn sie sich öffnen, sämtlich ohne Unterschied Teile der zurückgehaltenen Flüssigkeit aus.

Innere Flüssigkeit nenne ich jene, die mit der äußeren nicht in Verbindung steht, außer durch Vermittlung von Kapillargefäßen, und die deshalb niemals alle ihre Teile auf natürlichem Wege ohne Unterschied mit der äußeren Flüssigkeit vereinigt.

Die gewöhnliche innere Flüssigkeit ist diejenige, welche die Adern, Arterien und lymphatischen Gefäße enthalten, wenigstens diejenigen, die sich zwischen den angehäuften Drüsen und den Adern befinden. Gewöhnlich nenne ich diese Flüssigkeit, weil sie in allen Körperteilen verteilt ist. Über eine andere gewöhnliche Flüssigkeit, die in der nervösen Substanz enthalten ist, sage ich nichts aus, da sie weniger bekannt ist.

Die besondere innere Flüssigkeit ist jene, welche die Kapillargefäße der gewöhnlichen Flüssigkeit umfließt und je nach der Verschiedenheit der Stellen verschieden ist; eine andere befindet sich nämlich in den mit Blut erfüllten Geweben, eine andere in den nicht mit Blut erfüllten, eine andere um die Bewegungsfasern, eine andere in der Eikapsel, eine andere in der Uterussubstanz und eine andere an anderen Stellen. Die Ansicht, daß die Enden der Adern und Arterien in jeden beliebigen kleinsten Teil des Körpers auslaufen, um Wärme und Nahrung dorthin zu verteilen, entspricht weder der Vernunft, noch der Erfahrung, sondern überall sind Hohlräume vorhanden, in welchen sich die von dem Blut abgeschiedenen Teile (22) mit der Flüssigkeit der betreffenden Stelle mischen und sich dann an die festen Teile anlagern. In die gleichen Hohlräume gelangen die von den festen Teilen abgesonderten Teilchen, die dem Blut wieder zugeführt werden müssen, damit sie mit seiner Hilfe zu der äußeren Flüssigkeit zurückgebracht werden. Die Flüssigkeit dieser Hohlräume stimmt in vielem mit der Lehre des großen Hippokrates von dem Hauch überein. Wenn ich auch nicht angeben kann, warum an verschiedenen Stellen aus dem gleichen Blut verschiedene Flüssigkeiten ausgeschieden werden, so hoffe ich doch, daß wenig zur Feststellung der Tatsache fehlt, daß diese Verschiedenheit sicher nicht vom Blut abhängt, sondern von den Stellen selbst, deren Betrachtung in folgenden drei Punkten eingeschlossen ist:

1. In der Betrachtung der Kapillargefäße der gewöhnlichen inneren Flüssigkeit, mit der sich die Forscher ausschließlich beschäftigen, welche der Durchsiebung durch die verschiedenen Poren alles zuschreiben; zu ihnen gehörte auch ich eine Zeitlang.

2. In der Betrachtung der besonderen inneren Flüssigkeit, bei der allein jene Forscher verweilen, die jedem Teil ein besonderes Ferment zusprechen; diese Ansicht wird zum Teil richtig sein können, wenn auch der Name „Ferment" auf einem Vergleich beruht, der von einer zu speziellen Sache genommen ist.

3. In der Betrachtung des festen Bestandteils der einzelnen Teile, an der hauptsächlich jene Forscher zu hängen scheinen, die jedem beliebigen Teil seine eigene Form zusprechen und nach ihrer Angabe dort etwas dem betreffenden Teil Eigentümliches, uns aber Unbekanntes wahrnehmen. Nach unserer bisherigen Kenntnis jener Materie kann das nichts anderes sein als die poröse Oberfläche jenes festen Bestandteiles (23) und die feine Flüssigkeit, die jene Poren durchströmt. Ich würde zu sehr abschweifen, wenn ich das Erwähnte hinzufügen würde zur Erklärung der Vorgänge, die sich in unserem

Körper tagtäglich abspielen und nicht anders erklärt werden können. Es soll genügen, hier darauf hinzuweisen, daß die sich von der äußeren Flüssigkeit auf verschiedene Art abscheidenden Teilchen unter Durchsiebung in die gewöhnliche innere Flüssigkeit gelangen, von wo sie, in gleicher Weise auf verschiedene Art abgesondert und durch eine neue Durchsiebung in die besonderen inneren Flüssigkeiten gebracht, sich an die festen Teile anlagern, entweder nach Art von Fasern oder von Gewebe (Parenchym), je nachdem für sie eine uns unbekannte Eigenschaft eines beliebigen Teiles bestimmend war, die in der Betrachtung der drei erwähnten Punkte eingeschlossen ist.

Wenn man nun darangeht, die festen Körper, die von anderen festen Körpern von Natur aus eingeschlossen sind, auf die besagte Methode in bestimmte Klassen zu bringen, so werden manche von ihnen durch Ansatz (Apposition) von der äußeren Flüssigkeit hervorgebracht werden. Diese gehören zu einer der folgenden Abteilungen: Zu den Sedimenten, z. B. die Erdschichten; oder zu den Inkrustationen, wie Achat, Onyx, Chalzedon, Adlerstein[19)], Bezoarstein usw.; oder zu den fadenförmigen Gebilden, wie Amianth, Federalaun und andere Arten von Fäden, die ich in Spalten von Steinen antraf; oder zu den zweigförmigen Bildungen, wie jene Pflanzenformen, die man in Rissen von Steinen sieht; nur oberflächlich sind gewisse Zweigbildungen, die ich in einem Achat beobachtete und deren Stümpfe der Oberfläche der äußeren Schale aufgelagert waren, während sich die Zweige durch die Substanz der inneren Schale ausbreiteten; oder sie gehören zu den gewinkelten Körpern, wie die Bergkristalle (24), die gewinkelten Eisen- und Erzkörper, wohin auch die Markasite, Diamanten, Amethyste und andere zu stellen sind; oder zu den durch Ausfüllung entstandenen Körpern, wie alle verschiedenartigen Marmorsorten, Granite, Dendroizide, Steinkonchylien, kristallinische Konchylien, metallische Pflanzen und die sehr zahlreichen derartigen Substanzen, welche den Platz von verbrauchten Körpern ausfüllen.

Andere sind erzeugt durch Ansatz von der inneren Flüssigkeit her. Diese gehören entweder zu einfachen Ausfüllungen, wie Fett, die Masse, die zerbrochene Knochen vereinigt, die Knorpelsubstanz, welche zerschnittene Sehnen verbindet, die Affusionen, welche hauptsächlich die Substanz der Eingeweide bilden, das Mark der Pflanzen und Tiere; oder zu den faserigen Teilen, wie es die faserigen Pflanzenteile sind, bei den Lebewesen aber die Nerven- und die motorischen Fasern, lauter feste Körper, die von anderen festen Körpern meistens von Natur aus eingeschlossen werden.

Wenn nun jeder feste Körper wenigstens aus einer Flüssigkeit gewachsen ist, wenn Körper, die sich in allem gleichen, auch auf ähnliche Weise entstanden sind, wenn von zwei sich berührenden festen Körpern derjenige zuerst hart wurde, der an seiner Oberfläche die Eigenschaften der Oberfläche des anderen Körpers zeigt, so wird es leicht sein, über den Entstehungsort eines festen Körpers eine bestimmte Aussage zu machen, wenn der Körper selbst bekannt ist und auch der Ort, an dem er sich befindet. Und das ist der Grundgedanke der Schrift über *die festen Körper, die in anderen festen Körpern eingeschlossen sind.*

Ich gehe zur genaueren Untersuchung derjenigen aus der Erde gegrabenen festen Körper über, die Veranlassung zu sehr vielen Streitfragen gegeben haben, namentlich die Inkrustationen, Sedimente, die gewinkelten (25) Körper, Schalen von Meertieren, von Konchylien und Pflanzenfiguren. Zu den Inkrustationen gehören alle Arten von Steinen, die aus Lamellen zusammengesetzt sind und deren beide Oberflächen zwar parallel sind, aber nicht in der gleichen Ebene verlaufen. Die Stelle, wo Inkrustationen entstehen, ist durchaus die

Grenze von Flüssig und Fest, weshalb die Gestalt der Lamellen oder Krusten der Gestalt der betreffenden Stelle entspricht und mit Leichtigkeit festgestellt werden kann, welche Teile zuerst und welche zuletzt verfestigt wurden. Wenn die Stelle konkav war, entstanden zuerst die äußeren Krusten; wenn sie konvex war, die inneren; wenn die Stelle durch verschiedene größere Vorsprünge ungleich war, so wurden nach Ausfüllung der engeren Räume durch die zuerst entstandenen Lamellen in den größeren Räumen neue Lamellen gebildet. Auf diese Weise lassen sich unschwer alle die verschiedenen Figuren erklären, die man auf Schnittflächen durch ähnliche Steine erblickt, mögen sie nun runde Adern darstellen wie bei einem Durchschnitt durch einen Baumstamm, oder Schlangenlinien nachahmen, oder auch auf andere Weise ohne Regelmäßigkeit gewunden sein. Es ist nicht verwunderlich, daß Achate und andere Arten von Inkrustationen auf der äußeren Oberfläche rauh wie gewöhnliche Felsen erscheinen, da die äußere Oberfläche der äußeren Lamelle die Rauheit der Selle nachahmt; in Gebirgsbächen findet man derartige Inkrustationen öfters entfernt vom Ort ihrer Entstehung, weil bei der Zerstörung der Schichten das Material der Stelle weggeführt wurde.

Über die Art, wie die Teilchen, welche sich an einem festen Körper anfügen, von der Flüssigkeit abgesondert werden (26), sind mindestens folgende Punkte sicher:

1. Leichtigkeit oder Schwere kommt hier nicht in Betracht.

2. Die besagten Teilchen setzen sich an alle Arten von Oberflächen an, da man glatte, rauhe, ebene, gekrümmte und solche Oberflächen findet, die aus mehreren verschieden geneigten Ebenen zusammengesetzt und mit Krusten bedeckt sind.

3. Die Bewegung der Flüssigkeit bietet für die Teilchen kein Hindernis.

Übrigens lasse ich unentschieden, ob die Substanz, die aus dem festen Körper ausströmt, verschieden ist von der Substanz, welche die Teile der Flüssigkeit bewegt und ob noch etwas anderes zu erforschen ist.

Die Verschiedenheiten der Lamellen am gleichen Ort werden sich ableiten lassen entweder von der Verschiedenheit der Teilchen, die sich nacheinander aus der Flüssigkeit abscheiden, im gleichen Maße, in dem dieselbe Flüssigkeit mehr und mehr verbraucht wird, oder von verschiedenen Flüssigkeiten, die zu verschiedener Zeit dahin gelangten. Deshalb wiederholt sich die gleiche Anordnung der Lamellen an derselben Stelle bisweilen und öfters sind auch deutliche Anzeichen da, welche den Zutritt neuer Materie beweisen. Die ganze Materie der Lamellen aber ist anscheinend eine feinere aus den Steinen heraustretende Flüssigkeit, wie sich aus mehreren der folgenden Punkte ergibt.

Erdschichten. Zu den Sedimenten der Flüssigkeiten gehören die Erdschichten,

1. weil die pulverförmige Materie der Schichten nicht anders in jene Form gebracht werden konnte als durch Abscheidung aus einer Flüssigkeit infolge ihrer eigenen Schwere, nach vorheriger Mischung mit dieser Flüssigkeit (27), und durch Ausbreitung infolge der Bewegung derselben darüberlagernden Flüssigkeit.

2. Weil die in denselben Schichten enthaltenen größeren Körper meistens die Gesetze der Schwere beachten, sowohl in der Lage eines jeden einzelnen Körpers für sich, als auch hinsichtlich der gegenseitigen Lage der verschiedenen Körper.

3. Weil die pulverförmige Materie der Schichten sich den in ihr enthaltenen Körpern so angepaßt hat, daß sie sowohl die kleinsten Hohlräume eines eingeschlossenen Körpers anfüllt, als auch Glätte und Glanz desselben Körpers mit derjenigen Oberfläche ausdrückt, mit der sie ihn berührt, wenn

schon der rauhe Staub einer ähnlichen Glätte und dem Glanze durchaus nicht entspricht.

Sedimente kommen also zustande, während die in einer Flüssigkeit enthaltenen Bestandteile durch ihre eigene Schwere zu Boden sinken, mögen nun diese Bestandteile anderswoher dahin gebracht oder von den Teilchen der Flüssigkeit selbst allmählich ausgeschieden worden sein, entweder auf der Oberfläche oder in gleicher Weise von allen Teilchen der Flüssigkeit. Wenn schon auch die Krusten und Sedimente nah verwandt sind, so lassen sie sich doch leicht dadurch unterscheiden, daß bei den Krusten die obere Oberfläche der unteren parallel ist, auch wenn verschiedene größere Vorsprünge vorhanden sind, wogegen bei den Sedimenten die obere Oberfläche dem Horizont parallel ist oder doch nur wenig davon abweicht. So heben in Flüssen die bald grünen, bald gelben, bald rötlichen Krusten die Ungleichheit des felsigen Grundes nicht auf, wogegen ein Sand- oder Tonsediment alles eben macht, weshalb ich bei den verschiedenen Erdschichten (28) Krusten von Sedimenten leicht unterscheiden konnte.

Bezüglich des Materials der Schichten ließ sich folgendes feststellen:

1. Wenn in einer Felsschicht alle Teilchen gleiche Natur besitzen und auch fein sind, so läßt sich keinesfalls in Abrede stellen, daß diese Schicht zur Zeit der Schöpfung entstanden ist aus der Flüssigkeit, die damals alles bedeckte; auf diese Weise erklärt auch Descartes die Entstehung der Erdschichten[20)].

2. Wenn man in einer Schicht Bruchstücke einer anderen Schicht oder Teile von Tieren und Pflanzen findet, so ist sicher, daß diese Schicht nicht zu jenen gezählt werden darf, die sich zur Zeit der Schöpfung aus der ersten Flüssigkeit absetzten.

3. Wenn wir in einer Schicht Anzeichen eines salzigen Meeres beobachten, wie Gehäuse von Seetieren, Schiffsbretter und Substanz, die der des Meeresgrundes gleicht, so ist gewiß, daß an dieser Stelle einst ein Meer war, auf welche Weise es auch dorthin gelangt sein mag, entweder durch eigenes Überströmen oder durch Einsturz von Bergen.

4. Wenn wir in einer Schicht eine große Menge von Schilf, Gras, Tannenzapfen, Aststücken und ähnlichen Dingen vorfinden, so mutmaßen wir mit Recht, daß die besagte Materie entweder durch die Überschwemmung eines Flusses oder durch den Einbruch eines Gießbaches dorthin geschwemmt wurde.

5. Wenn in einer Schicht Kohlen, Asche, Bimssteine, Bitumen und gebrannte Körper vorhanden sind, so ist sicher, daß in der Nachbarschaft der Flüssigkeit ein Brand stattgefunden hat (29), um so mehr, wenn die ganze Schicht nur aus Asche und Kohle besteht. Eine solche sah ich außerhalb der Stadt Rom, wo die Materie von Backsteinen gegraben wird.

6. Wenn an der nämlichen Stelle die Materie aller Schichten dieselbe ist, so ist gewiß, daß jene Flüssigkeit keine Flüssigkeiten von verschiedener Natur aufgenommen hat, die von verschiedenen Stellen zu verschiedener Zeit zusammenflossen.

7. Wenn an der gleichen Stelle das Material der Schichten verschieden ist, so strömten dortselbst entweder zu verschiedener Zeit aus verschiedenen Orten Flüssigkeiten von verschiedener Art zusammen (mag nun die Verschiedenheit der Winde oder ein an gewissen Stellen heftigerer Regenfall bei der Ursache mitspielen), oder im gleichen Sediment befand sich Materie von verschiedener Schwere, so daß die schwereren Teile zuerst und dann erst die leichteren zu Boden sanken. Diese Verschiedenheit kann auch durch den Wechsel der

Jahreszeiten veranlaßt sein, besonders an Stellen, wo eine gleichartige Ungleichheit des Bodens festzustellen ist.

8. Wenn man zwischen Erdschichten Felsschichten findet, so ist sicher, daß entweder in der Nähe jener Stelle eine Quelle mit versteinerndem Wasser[21)] vorhanden war, oder bisweilen Eruptionen unterirdischer Ausdünstungen stattfanden, oder eine von dem abgelagerten Sediment zurückweichende Flüssigkeit wieder zurückkehrte, nachdem die obere Kruste durch die Sonnenwärme erhärtet war.

Über den Ort der Schichten läßt sich folgendes mit Sicherheit aussagen:

1. Zur Zeit der Entstehung einer Schicht befand sich unter dieser Schicht ein anderer Körper, der die pulverförmige Materie daran verhinderte, noch tiefer zu sinken (30); infolgedessen befand sich zur Zeit der Bildung des untersten Teiles der Schicht darunter entweder ein anderer fester Körper, oder auch eine Flüssigkeit, die jedoch ihrer Natur nach von der oberen Flüssigkeit verschieden und namentlich schwerer war als das feste Sediment, das von der oberen Flüssigkeit gebildet wurde.

2. Zu der Zeit, als eine der oberen Schichten entstand, hatte die untere Schicht bereits feste Konsistenz erlangt.

3. Jede beliebige Schicht war zur Zeit ihrer Entstehung entweder auf den Seiten von einem anderen festen Körper eingeschlossen, oder sie umspannte die ganze Erdkugel. Daraus folgt, daß überall, wo man nackte Seiten von Schichten findet, entweder nach einer Fortsetzung dieser Schichten gesucht werden muß, oder sich ein anderer fester Körper finden lassen muß, der die Materie der Schichten am Wegströmen verhinderte.

4. Zur Zeit der Entstehung einer Schicht war die ganze darauflagernde Materie flüssig, so daß bei der Bildung der untersten Schicht keine der oberen Schichten vorhanden war.

Was die Gestalt anlangt, so ist sicher, daß zur Zeit der Bildung einer Schicht ihre untere und die seitlichen Oberflächen den Oberflächen des unten und der seitlich befindlichen Körper entsprachen, die obere Oberfläche aber dem Horizont möglichst parallel war, so daß mit Ausnahme der untersten alle Schichten zwischen zwei dem Horizont parallelen Ebenen lagern. (31) Daraus folgt, daß zum Horizont senkrechte oder geneigte Schichten einmal zu ihm parallel gewesen sein müssen.

Dem widersprechen nicht eine veränderte Lage von Schichten und entblößte Seiten derselben, wie man sie heutzutage an vielen Stellen sieht, denn es sind sichere Anzeichen für die Einwirkung von Feuer und Wasser in ihrer Nachbarschaft vorhanden. Wie nämlich das Wasser die Erdmaterie auflöst und sie zu tiefer gelegenen Stellen führt, sowohl auf der Oberfläche der Erde als auch in Hohlräumen der Erde, so löst auch das Feuer jeden ihm im Wege stehenden festen Körper auf und treibt nicht nur seine leichteren Teilchen aus, sondern schleudert manchmal sogar sehr schwere Massen fort. Dadurch entstehen auf der Erdoberfläche Abgründe, Kanäle und Mulden, in den Eingeweiden der Erde jedoch unterirdische Hohlräume und Grotten, bei welcher Gelegenheit Erdschichten auf zweierlei Weise ihre Lage ändern konnten.

Die erste Art ist ein heftiges Hinausschleudern der Schichten in die Höhe, das entweder die Folge eines jähen Brandes unterirdischer Ausdünstungen ist, oder durch eine gewaltsame Auspressung der Luft wegen gewaltiger anderer Zusammenstürze in der Nähe bewirkt wird. Diesem Hinausschleudern der Schichten folgt eine Zerstäubung der Erdmaterie und ein Zerbrechen der Felsmaterie in kleine Steine und Trümmer.

Die andere Art ist ein plötzliches Herabgleiten oder ein Einsturz der oberen Schichten, wenn sie nach Wegführung der unten befindlichen Materie oder des Fundamentes allmählich Risse bekommen haben. Je nach den verschiedenen Hohlräumen und Rissen ergibt sich daraus eine verschiedene Lage der abgebrochenen Schichten (32), da manche dem Horizont parallel bleiben, andere dazu senkrecht gestellt werden, die meisten schiefe Winkel mit ihm bilden und einige auch bogenförmig gekrümmt werden, da ihre Materie zäh zusammenhält. Diese Änderung kann entweder bei allen Schichten eintreten, die über einem Hohlraum lagern, oder nur bei einigen tiefer gelegenen, während die darüber befindlichen unverändert bleiben.

Die veränderte Lagerung der Schichten gibt eine leichte Erklärung für mehrere sehr schwierige Fragen.

Hier könnte man die Anschauung klarlegen über jene Ungleichheit, die auf der Erdoberfläche Anlaß zu vielen Gegensätzen gibt, wie Berge, Täler, Becken der oberirdischen Gewässer, Ebenen an hohen und tiefen Stellen; ich will jedoch nur einiges von den Gebirgen hier beibringen und über das Übrige schweigen.

Die Entstehung der Berge.

Die veränderte Lage der Schichten ist die Hauptursache für die Berge; das ergibt sich aus folgenden Tatsachen, die man in jedem Gebirge sehen kann:

1. Gewaltige Ebenen auf dem Scheitel mancher Berge.
2. Viele dem Horizont parallele Schichten.
3. Von den Seiten derselben auslaufend mannigfaltige Schichten, die verschieden zum Horizont geneigt sind.
4. Auf gegenüberliegenden Abhängen von Hügeln abgebrochene Schichten, die eine völlige Übereinstimmung von Materie und Gestalt zeigen.
5. Nackte Säume von Schichten.
6. Am Fuße eines Gebirgsmassivs Trümmer von zerstörten Schichten desselben, die teils zu Hügeln angehäuft (33), teils über die benachbarten Landstrecken hin zerstreut sind.
7. Entweder auf den Felsbergen selbst, oder in ihrer Nähe

die deutlichsten Anzeichen von unterirdischem Feuer, wie denn auch im Gebiet von Hügeln, die aus Erdschichten zusammengesetzt sind, häufig Gewässer anzutreffen sind. Nebenbei muß hier auch bemerkt werden, daß aus Erdschichten bestehende Hügel meistens als Grundlage größere Bruchstücke von Felsschichten haben, auf die man an vielen Stellen Erdschichten aufgelagert sieht, die infolgedessen nicht durch die Fluten der benachbarten Flüsse und Gießbäche weggeschwemmt werden. Ja selbst ganze Gegenden schützen solche Felsschichten vor der Wut des Ozeans, wie die Gestade Brasiliens und die allenthalben vorkommenden felsigen Küsten beweisen.

Auch auf andere Weise können Berge entstehen, so durch den Auswurf von Feuer, das Asche und Felsen mit Schwefel und Erdpech ausschleudert; ferner durch Regengüsse und die Tätigkeit von Gießbächen, durch welche Felsschichten, die infolge der abwechselnden Einwirkung von Hitze und Kälte schon vorher gespalten waren, in Abgründe gestürzt werden. Die Erdschichten nun erhalten bei großer Hitze Risse und lösen sich in verschiedene Teile auf. Daraus folgt, daß es in letzter Linie zwei Arten von Bergen und Hügeln gibt, nämlich eine, die von Schichten gebildet wird und wieder in zwei Abteilungen zerfällt, da bei manchen Felsschichten, bei anderen Erdschichten vorherrschen, und eine andere Art, die aus Bruchstücken von Schichten und abgerissenen Teilen durcheinander und ohne Ordnung besteht. Weiterhin könnte man leicht folgendes zeigen:

1. Alle heute vorhandenen Berge bestanden nicht vom Anfang der Dinge an.

(34) 2. Es gibt kein (organisches) Wachstum der Berge.

3. Die Felsen der Berge haben mit den Tierknochen höchstens eine gewisse Ähnlichkeit in der Härte gemeinsam, da sie mit denselben weder in der Materie noch in der Entstehungs-

art, dem Bau und dem Gebrauch übereinstimmen, wenn man überhaupt über so wenig bekannte Sachen, wie den Gebrauch der Dinge, etwas aussagen dürfte.

4. Die Annahme, es seien die Bergkronen oder -ketten, wie manche zu sagen belieben, nach bestimmten Gegenden der Erde gerichtet, entspricht weder der Vernunft noch der Erfahrung.

5. Berge können zerstört werden und Land kann von einer Seite auf die andere gebracht werden, mitten durch einen öffentlichen Weg; Berggipfel können emporgehoben und erniedrigt werden; die Erde öffnet und schließt sich wieder und andere derartige Dinge ereignen sich, welche man beim Lesen der Berichte für Märchen hält, um nicht als leichtgläubig zu gelten.

Die Wege der aus der Erde ausströmenden Dinge.

Dieselbe veränderte Lage der Schichten gewährt nun aus der Erde ausströmenden Dingen Raum zum Durchströmen; solche Dinge sind folgende:

1. In den Bergen zirkulierende Gewässer, die sich in den Höhlen der Berge aus der Luft abscheiden, wobei sie entweder von unterirdischen Gewässern herkommen, oder aus der darüber befindlichen Luft an der betreffenden Stelle verdichtet werden und im Innern als Gewässer hervorsprudeln[22]. Letzteres möchte ich für sehr häufig halten, da ich in den meisten Tropfsteinhöhlen reichlich Wasser sah, während unten und oben alles fest war.

2. Aus den Bergen hervorbrechende Winde; diese können entweder Luft sein, die sich durch die Wärme ausgedehnt hat, oder sie können von verschiedenen luftförmigen Flüssigkeiten hervorgebracht werden, die beim (35) gegenseitigen Zusammentreffen aufbrausen.

3. Stinkende Ausdünstungen, heiße Gase des Feuers, auch kalte usw. Auch darin liegt weiterhin keine Schwierigkeit, daß kalte und trockene Stellen ohne irgendein Anzeichen von

Hitze aufkochen, so oft man Wasser auf sie gießt, daß neben einer eiskalten Quelle eine warme entspringt, daß durch ein Erdbeben eine warme Quelle in eine kalte verwandelt wird und daß Flüsse ihren Lauf ändern. Ferner, daß allseits abgeschlossene Täler ihr Regenwasser an tiefer gelegene Stellen abfließen lassen, daß unter die Erdoberfläche verschwundene Flüsse anderswo wieder erscheinen, daß sogenannter lebendiger Sand bei der Legung von Fundamenten bisweilen aller Mühe des Architekten spottet, daß beim Brunnengraben an manchen Stellen zuerst Wasser aufgefunden wird in der Nähe der Erdoberfläche, dann neuerdings nach Aushebung der Erde bis zur Tiefe mehrerer Ellen wiederum Wasser auftritt, das, wenn einmal eine Öffnung vorhanden ist, höher emporstrudelt als das zuerst gefundene Wasser. Endlich, daß ganze Felder mit ihren Bäumen und Gebäuden sich allmählich senken oder plötzlich verschlungen werden, so daß sich auf diese Weise dort gewaltige Seen befinden, wo einst Städte waren, daß für die Bewohner einer Ebene Gefahr wegen einer derartigen Katastrophe besteht, wenn man nicht weiß, daß der Untergrund der Ebene aus Fels besteht, ferner, daß sich zeitweise Schlünde auftun, die giftige Luft ausströmen lassen und die sich über den hineingefallenen Körpern wieder schließen.

Die Entstehung der Steine und die Behälter der Mineralien.

Die gleiche veränderte Lage der Schichten gibt Anlaß zur Entstehung aller Arten von Steinen; zugleich (36) bildete sie einen Behälter für sehr viele Mineralien, mag das nun in den Rissen der Schichten der Fall sein, oder in jenen Spalten, die sich in ihrer zwar trockenen, aber noch nicht harten Materie, oder zwischen den Lamellen oder auch in Rissen vorfinden. Auch die Zwischenräume kommen in Betracht, die sich zwischen höheren und tieferen Schichten nach dem Abgleiten der letzteren befinden, sowie leere Stellen, die bei der Auflösung dort befindlicher Körper übrig blieben. Daraus ergibt sich:

1. Man wird beweisen können, daß jene kleinen und bei-

nahe willkürlichen Abteilungen von Adern, welche die Mineraliengräber benutzen, von einer sehr leichten oder sogar von gar keiner Grundlage überdeckt sind; infolgedessen ist die Annahme von Metallreichtum auf Grund von Wurzeln und Zweigen von Mineralien in gleicher Weise zweifelhaft und der Glaube mancher Chinesen vom Haupt und Schwanz des Drachens, die sie benutzen zum Auffinden der geweissagten Lage von Grüften in den Bergen, ist lächerlich.

2. Die meisten Mineralien, mit denen sich die menschliche Arbeit befaßt, waren vom Anfang der Dinge an nicht vorhanden.

3. Bei der Untersuchung des Gesteins kann man vieles entdecken, was man bei der Untersuchung der Mineralien selbst vergebens sucht, da es mehr als wahrscheinlich ist, daß alle jene Mineralien, die die Hohlräume, Risse und Spalten der Felsen ausfüllen, als Material Dämpfe haben, die aus den Felsen stammen[23]. Das kann eingetreten sein bevor die Schichten ihre Lage veränderten, wie ich es bei den Bergen von Perugia glauben möchte, oder erst nach der Änderung der Lage der Schichten, und auf diese Weise kann an der Stelle, wo ein Erz erschöpft ist, neues Erz nachwachsen (37). Diese Annahme wird bei den Eisenbergwerken von Elba gemacht, ist aber ungewiß, da die Werkzeuge der Arbeiter und dort gefundene Figuren nicht mit Eisen, sondern mit Erde umgeben waren.

Diese Tatsachen über die Erdschichten glaubte ich etwas genauer untersuchen zu müssen, sowohl weil die Schichten selbst feste Körper sind, die in anderen festen Körpern von Natur aus eingeschlossen sind, als auch weil in ihnen fast alle die Körper enthalten sind, die Veranlassung zu der aufgeworfenen Frage gaben.

Über den Bergkristall.

Was nun die Erzeugung des Bergkristalles anlangt, so möchte ich nicht zu entscheiden wagen, wie seine erste Begrenzung zustande kommt. Das aber steht außer Frage, daß die Angaben, die ich bei anderen Autoren über diesen Punkt lesen konnte, unrichtig sind; denn weder die von ihnen angegebenen Strahlungen, noch eine Gestalt der Teilchen, die der Gesamtgestalt ähnlich ist[25)], noch eine Vollendung der sechsseitigen Gestalt und ein Zusammenströmen der Teile gegen denselben Mittelpunkt sowie andere derartige Dinge entsprechen der Erfahrung; das wird sich aus verschiedenen Sätzen ergeben, die ich anführen werde und die an anderer Stelle durch die klarsten Beweise bekräftigt sind. Um keine Möglichkeit einer Verwirrung aufkommen zu lassen ist es gut, eine Erklärung der Ausdrücke vorauszuschicken, die ich bei der Benennung der Teile des Bergkristalles gebrauche.

Der Bergkristall besteht aus zwei sechsseitigen Pyramiden und einer dazwischen liegenden, ebenfalls sechsseitigen Säule, wobei ich *„äußere Körperwinkel"*[26)] diejenigen nenne, welche die Spitzen der Pyramiden bilden, *„mittlere Körperwinkel"* diejenigen, welche bei dem Zusammentritt von Pyramiden und Säulen entstehen, und in gleicher Weise (38) die Pyramidenflächen *„äußere Flächen"* (Endflächen) und die Säulenflächen *„mittlere Flächen"* (Seitenflächen); *„Basisebene"* ist eine zu allen Seitenflächen senkrechte Schnittfläche, *„Achsenebene"* ist eine Schnittfläche, in der sich die Achse des Kristalls befindet, die aus den Pyramidenachsen und der Säulenachse zusammengesetzt wird.

Man kann es als zweifelhaft betrachten, ob sich die Stelle, an der die erste Verfestigung des Bergkristalls beginnt, zwischen zwei Flüssigkeiten befindet, oder zwischen einer Flüssigkeit und einem festen Körper oder aber in einer Flüssigkeit selbst. Die Stelle jedoch, wo der schon gebildete Bergkristall wächst, ist fest an dem Teil, an welchem ihr der Bergkristall aufliegt, mag das nun ein Fels[27)] oder ein anderer vorher schon erzeugter Bergkristall sein; der übrige Teil ist flüssig, wenn man von den Hindernissen absieht, die sich infolge der Unebenheit des Felsens oder durch andere schon vorhandene Bergkristalle dem wachsenden Bergkristall entgegenstellen können. Ob die umgebende Flüssigkeit wässerig ist, wage ich nicht zu entscheiden; denn die Gründe, die man wegen des in Bergkristallen eingeschlossenen Wassers anführt, sind nicht stichhaltig, da es sicher ist, daß zugleich mit Wasser in ihnen Luft enthalten ist und es viele Bergkristalle gibt, die nur Luft eingeschlossen enthalten. Wenn nun der Bergkristall in einer wässerigen Flüssigkeit entstanden wäre, so müßten alle ringsum abgeschlossenen Hohlräume voll Wasser sein, da überall zu beobachten ist, daß das auf solche Weise festgehaltene Wasser auch in noch so langer Zeit nicht verschwindet.

Solche Stellen nun bieten den Bergkristallen die Hohlräume der Felsen dar, die, wie oben gesagt wurde, auf verschiedene Art entstanden sind. Dem steht auch die Tatsache nicht entgegen, daß ganze, aus Erdmaterie bestehende Hügel mit Bergkristallen angefüllt sind, denn einmal befinden sich in der Nachbarschaft dieser Hügel Felsberge, die zur Erzeugung von Bergkristallen geeignet sind, dann werden ja in den Hügeln selbst (39) größere, in die Erdmaterie eingelagerte Felsen ausgegraben, die von den benachbarten Bergen herabgestürzt sind. Manche davon zeigen Spalten, die mit Marmormaterie angefüllt sind, und in gleicher Weise, wie in den Felsbergen selbst, werden die Spalten der Schichten ausgefüllt. Die gleiche Ursache nun, welche die von den benachbarten Bergen herabgestürzten Schichttrümmer in die Hügel herabwälzte, wird ebenso die aus den Hohlräumen dieser Schichten herausgebrochenen Bergkristalle über die gleichen Hügel hin verbreitet haben können.

Was man nun von der Stelle am Bergkristall aussagen kann, an der sich neue Kristallmaterie[28)] ansetzt, sollten die folgenden Sätze zeigen:

I. Der Bergkristall wächst, indem sich an die außen befindlichen Flächen des bereits umgrenzten Bergkristalls neue Kristallmaterie ansetzt. Es ist daher durchaus kein Raum für die Ansicht, daß die Bergkristalle nach Art der Pflanzen wachsen und mit der Seite Nahrung aufnehmen, mit welcher sie ihrer Unterlage aufliegen; ebenso ist falsch, daß aus dem Fluidum des Felsens Teilchen in das Fluidum des Bergkristalls aufgenommen werden und sich im Innern an die Teilchen des Bergkristalls anlagern.

II. Diese neue Kristallmaterie setzt sich nicht auf allen Flächen an, sondern hauptsächlich nur auf den Flächen der Spitze oder auf den Endflächen. Das hat zur Folge: 1. daß die mittleren oder viereckigen Flächen von den Geraden zusammengesetzt werden, welche die Basis der Endflächen bilden, so daß eben diese Zwischenflächen an manchen Bergkristallen größer, an anderen kleiner sind und bei einigen ganz fehlen; 2. daß die Zwischenflächen fast immer gestreift sind, die Endflächen dagegen die Anzeichen der an ihnen angesetzten Materie behalten.

(40) III. Die Anlagerung neuer Kristallmaterie geschieht weder an allen äußeren Flächen gleichzeitig, noch in gleicher Menge. Daraus ergibt sich: 1. daß die Pyramidenachse mit der Säulenachse nicht immer die gleiche Gerade bildet; 2. daß die äußeren Flächen selten untereinander gleich groß sind, woraus die Ungleichheit der mittleren Flächen folgt; 3. daß die Endflächen nicht immer Dreiecke darstellen, wie auch die mittleren Flächen nicht immer alle vierseitig sind; 4. daß der Körperwinkel der Endflächen in mehrere Körperwinkel aufgelöst wird, was auch bei den mittleren Körperwinkeln häufig der Fall ist[29].

IV. Nicht immer bedeckt sich die ganze Fläche mit Kristallmaterie, sondern es bleiben unbedeckte Stellen zurück, manchmal gegen die Ecken hin, manchmal gegen die Kanten hin und manchmal mitten in der Fläche. Daraus ergibt sich:

1. daß bei derselben sogenannten Fläche nicht alle ihre Teile in der gleichen Ebene liegen, sondern in verschiedenen Ebenen, die von jener verschiedenen Abstand haben; 2. daß die sogenannte Fläche an vielen Stellen nicht eben, sondern bucklig erscheint; 3. daß auf den Zwischenflächen Unebenheiten entstehen, die den Stufen einer Treppe ähnlich sind.

Die auf den Flächen abgesetzte Kristallmaterie wird auf denselben von der umgebenden Flüssigkeit ausgebreitet und erhärtet allmählich. Daraus ergibt sich: 1. daß die Oberfläche des Bergkristalls um so glatter werden wird, je langsamer die ihr aufgelagerte Materie erhärtet und ganz rauh ausfällt, wenn die besagte Materie erhärtet, ehe sie genügend ausgebreitet ist; 2. daß man entscheiden (41) kann, auf welche Weise sich die Kristallmaterie am Bergkristall anlagert. Wenn die Anlagerung rasch erfolgte, so ist die Oberfläche voll kleiner Beulen wie Blattern, in derselben Weise, in der kleine Öltröpfchen in einer wässerigen Flüssigkeit zu schwimmen pflegen; manchmal zeigt die Oberfläche auch dreiseitige, eingedrückte Pyramiden. Wenn die Erhärtung etwas langsamer erfolgte, so zeigen gewundene Streifen von herabfließender Materie sowohl die Stelle an, an der sich flüssige Materie anlagerte, als auch die Stelle, gegen welche hin sie ausgebreitet wurde, sowie die Reihenfolge des Absatzes der Materie, nämlich, welche zuerst und welche zuletzt hinzukam. Und auf diese Weise sind immer gewisse Unebenheiten bei den Bergkristallen vorhanden und ich sah nie einen Bergkristall, dessen noch unverletzte Oberflächen die Glätte haben, welche die Bruchflächen desselben Bergkristalls nach dem Zerschlagen zeigen, wenn sich auch naturhistorische Schriftsteller noch so sehr darin verbreitern, die Glätte des auf den Bergen gebrochenen Kristalls zu rühmen; 3. daß beliebige feste Körper, die im Wege stehen, dem Bergkristall selbst einverleibt werden, wie wenn sie mit einem Leim darinnen befestigt worden wären, als sie an der noch nicht verfestigten Kristalloberfläche anstießen; 4. daß die Kristallmaterie scheinbar manchmal auf benachbarte Flächen herabfließt; 5. daß an jenen Flächen, wo Stellen ohne angesetzte Kristallmaterie übrig blieben, sich anlagernde und über diese Stellen ausgebreitete neue Kristallmaterie Hohlräume bildet und manchmal mehrere Lamellen erzeugt, auch gelegentlich etwas von der äußeren Flüssigkeit einschließt; diese ist bald reine Luft, bald Wasser mit Luft.

(42) Die äußere Flüssigkeit empfängt von der Substanz einer härteren Schicht Kristallmaterie. Daraus ergibt sich: 1. daß Felsen von verschiedenartiger Natur, weil sie verschiedenartige Flüssigkeiten abgeben, Bergkristalle von verschiedener Farbe erzeugen; 2. daß am gleichen Fundort bald die ersten, bald die letzten Bergkristalle dunkler werden und am nämlichen Kristall die zuerst verfestigten Teile manchmal dunkler werden als die zuletzt verfestigten Teile; 3. daß nach dem Verschwinden der in der Erde befindlichen Austern, Muscheln und anderen Körper ihre Hohlräume von Bergkristallen erfüllt werden.

Die Kristallmaterie wird bei ihrer Ausbreitung auf den Flächen eines schon gebildeten Bergkristalles durch eine Bewegung geleitet, welche nicht aus einer gemeinsamen Ursache für die Bewegung der umgebenden Flüssigkeit entspringt, sondern sich bei jedem Bergkristall ändert, so daß sie in Wirklichkeit abhängt von der Bewegung eines feinen Fluidums, das aus dem schon gebildeten Bergkristall ausströmt. Dadurch wird bewirkt: 1. daß am gleichen Fundort an Flächen, die verschieden zum Horizont geneigt sind, Kristallmaterie angelagert wird; 2. daß in der gleichen Flüssigkeit Kristalle von verschiedener Form entstehen. Ob das besagte Fluidum jenes ist, das die Brechung vermittelt, oder ob es ein von diesem verschiedenes Fluidum ist, überlasse ich größeren Geistern zur Entscheidung. Daß aber die Wirksamkeit des durchdringenden Fluidums sicher groß ist, beweist die Länge der Fäden aus Eisenfeilspänen, die sich um die Pole eines Magneten bilden, nicht nur wenn die Feilspäne den Magnet unmittelbar berühren, sondern auch, wenn sie ein dazwischen befindliches Papier vom Magneten abtrennt. In derselben Weise, in der der Magnet unterhalb des Papiers hin und her (43) bewegt wird, durchlaufen oberhalb des Papiers derartige Fäden, während sie mit dem einen Ende stillstehen, mit dem anderen Ende alle Bögen, die man innerhalb eines Kreises beschreiben kann. Bald rücken sie alle von Stelle zu Stelle vor wie mit Lanzen bewaffnete Soldaten, bald krümmen sie sich infolge der Nähe eines anderen Magneten und ahmen einen Bogen nach, wie wenn die einzelnen Feilspäne durch gegenseitiges Aneinanderkleben zu einem festen Körper zusammengewachsen wären. Ich möchte nun annehmen, daß auf gleiche Weise mit Hilfe eines durchströmenden Fluidums jene Tröpfchen zusammenhängen, die im Rezipienten[30)] aus der aus der Retorte verdrängten Materie entstehen; zuerst hängen sie im Innern am oberen Teil des Rezipienten, wenn sich aber mehrere gegenseitig im gleichen Bogen des Rezipienten berühren, so gleiten sie herab und bilden verschiedene aus Kugeln bestehende Fäden, die mit ihren Enden bald an den Seiten des Rezipienten hängen, bald mit anderen Fäden verschlungen sind. Derartige Fäden, die ich in der wässerigen Augenflüssigkeit bisweilen beobachtete und die aus Kügelchen zusammengesetzt sind, sind meiner Ansicht nach wohl ebenso entstanden und ebenso möchte ich glauben, daß in gleicher Weise die Fäden und Zweige durch Anlagerung von außen her in einer Flüssigkeit entstanden sind. Aber wie dem auch sein möge, beim Wachsen des Bergkristalls muß man jedenfalls eine doppelte Bewegung beachten, nämlich eine, durch die bewirkt wird, daß sich die Kristallmaterie an bestimmten Stellen des Bergkristalls und nicht an anderen ansetzt; sie ist meiner Meinung nach dem feinen durchströmenden Fluidum zuzuschreiben und durch das angeführte Beispiel des Magnet zu veranschaulichen. Dann eine andere, durch welche die am Bergkristall abgesetzte neue Kristallmaterie ausgebreitet wird und die von der umgebenden Flüssigkeit abzuleiten ist; so wird von den Eisenfäden, die sich über dem Magneten bilden, (44) das, was durch eine Luftbewegung von einem weggeblasen wird, an einem anderen angefügt. Dieser Bewegung des umgebenden Mediums möchte ich die Tatsache zuschreiben, daß nicht nur beim Bergkristall, sondern auch bei vielen anderen gewinkelten Körpern beliebige einander entgegengesetzte Ebenen gegenseitig parallel sind. Aus dem bisher Erwähnten läßt sich beweisen, daß der Bergkristall nicht durch die höchste Kälte verursacht wird[31)], daß nicht bloße, durch die Gewalt des Feuers ausgebrannte Asche zu Glas[32)] wird, daß nicht die Gewalt des Feuers allein das Glas erzeugt, daß nicht alle Kristalle am Anfang der Welt entstanden sind, sondern auch noch Tag für Tag entstehen. Ferner erhellt daraus, daß es die menschlichen Fähigkeiten nicht übersteigt, eine Herstellungsart von Glas ohne die heftige Einwirkung des Feuers zu entdecken, wenn man nur eine genaue Untersuchung der Felsen unternimmt, in deren Hohlräumen die besten Bergkristalle entstehen; es ist nämlich sicher, daß der Kristall, genau so wie er aus einer Flüssigkeit verfestigt ist, auch wieder in flüssigen Zustand gebracht werden kann, wenn man nur das wahre Auflösungsmittel der Natur nachzuahmen versteht. Das schließt nicht aus, daß gewisse feste Körper dann, wenn einmal die sie auflösende Flüssigkeit oder ihr Lösungsmittel aus ihnen entfernt wurde, durch das gleiche oder ein ähnliches Lösungsmittel nicht mehr aufgelöst werden können. Das ist bei Körpern der Fall, bei denen das ganze Lösungsmittel durch die Gewalt des Feuers entfernt wird, der Bergkristall jedoch und alle gewinkelten Körper, die mitten in der sie lösenden Flüssigkeit oder mitten in ihrem Lösungsmittel zur Verfestigung gelangen, fallen niemals so rein aus, daß nicht gewisse Teilchen des Lösungsmittels zwischen den Teilchen des betreffenden Körpers zurückbleiben. Davon hängt auch in erster Linie die Ursache der Verschiedenheit ab, die zwischen (45) Kristall und Glas sowohl in der Brechung als auch sonst besteht, da im Glas keinerlei Teile der auflösenden Flüssigkeit vorhanden sind, weil sie durch die Gewalt des Feuers ausgetrieben wurden. Die Flüssigkeit nun, in der der Bergkristall entsteht, verhält sich zum Bergkristall so, wie gewöhnliches Wasser zu den Salzen, was man leicht beweisen könnte durch Anführung der gemeinsamen Punkte bei der Verfestigung der Salze und derjenigen des Kristalls. Aber da ich durch Aufzählung all dieser Dinge zu weit abschweifen würde von meinem Thema, will ich nur einen einzigen Versuch anführen, der mir sehr schön zu sein scheint. Im nämlichen Stein waren an verschiedenen, von einander getrennten Stellen Lamellen voll Bergkristalle vorhanden, von denen einige wasserklar waren, andere sehr glänzend, manche weiß, viele amethystfarbig, gegenseitig vermengt, ohne irgendeine Vermischung der Farben, genau auf dieselbe Weise, wie im gleichen Wasser aufgelöstes Vitriol und Alaun nach Verdunstung eines Teils des Wassers allmählich einzeln sich verfestigen, ohne irgendeine Mischung der Teile, was zu diesem Zweck mit den Salzen angestellte Versuche beweisen.

Der Eisenglanz.

Die gewinkelten Eisenglanze, die ich bisher sehen konnte, lassen sich auf drei Gattungen[34] zurückführen. Die erste ist eben und in der Mitte dicker; nach außen hin wird sie allmählich dünner und endet allseitig in eine scharfe Kante. Die zweite besteht aus 12 Ebenen, die dritte wird von 24 Ebenen begrenzt. Aus der zweiten Gattung entsteht bisweilen ein ekkiger Körper mit 6 Ebenen, der zwei dreiseitige Pyramiden zeigt, (46) die gegenseitig so mit der Basis aufeinanderstoßen, daß die Kanten der einen Basis die Seiten der anderen Basis halbieren.

Die zweite und dritte Gattung des gewinkelten Eisenglanzes stimmt mit den Bergkristallen in folgendem überein:

1. Im Ort der Entstehung; die Stelle, wo Eisenglanz wächst, ist nämlich teils fest, teils flüssig und ist ein Hohlraum im Felsen.

2. Bezüglich der Stelle, wo die Materie angesetzt wird, da sie sich auch beim Eisenglanz nicht an allen Flächen ansetzt, sondern nur an gewissen und hier nicht immer an allen Stellen, sowie nicht immer zu gleicher Zeit, sondern bald an einer Fläche, bald an einer anderen, bald gegen den Rand hin, bald gegen die Mitte hin.

3. Hinsichtlich des Ortes, woher die Eisenglanzmaterie[35)] kommt, da auch sie anscheinend aus den Poren eines festeren Körpers herausgeflossen ist.

4. Hinsichtlich der Art, auf welche diese Materie mit Hilfe des durchströmenden Fluidums gegen den festen Körper hin geleitet sowie durch die Bewegung der umgebenden Flüssigkeit auf der Ebene ausgebreitet und geglättet wird.

Materie und Gestalt beider sind verschieden: die Materie des Bergkristalls[36)] ist durchsichtig, die Materie des Eisenglanzes opak; die Form des Bergkristalls wird von 18 Flächen gebildet, wovon die 12 äußeren glatt sind, die 6 mittleren aber gestreift, während man bei der zweiten Art des Eisenglanzes 12 Flächen zählt, wovon 6 außen liegen und gestreift sind, andere 6 dazwischen liegen und glatt sind. Bei der dritten Eisenglanzart gibt es 24 Flächen, (47) worunter die 6 äußeren gestreift sind, die 18 mittleren glatt; manchmal liegen zwischen den gestreiften äußeren Flächen 6 andere glänzende Flächen, die abgestumpfte Seiten dreieckiger Pyramiden zeigen.

Es schien mir nun die Tatsache beachtenswert, daß man mit einem abgestumpften Würfel ganz genau die ganze Ebenenzahl bei der dritten Art des gewinkelten Eisenglanzes darstellen kann; es befinden sich an ihr nämlich 6 fünfseitige Flächen, die mit den Würfelflächen zusammenfallen und mit vier Ecken die einzelnen Seiten der Würfelflächen halbieren. Die übrigen Flächen lassen sich alle an den auf bestimmte Weise abgestumpften Würfelchen finden[37)].

Auch eine andere Tatsache ist bei denselben gewinkelten Eisenglanzen nicht weniger bewundernswert, daß nämlich bei der zweiten Gattung des Eisenglanzes die äußeren Flächen, die gestreift und fünfseitig sind, sich im Laufe der Zeit in dreiseitige verwandeln, die dreiseitigen und glatten mittleren Flächen dagegen fünfseitig werden mit zwei benachbarten rechtwinkeligen Ecken, während zwischen je zwei fünfseitigen Flächen an der Seite, auf der sich ihre rechtwinkeligen Ecken berühren, zwei dreiwinkelige oder zwei dreiseitige ebenfalls glatte Flächen auftreten, deren Basis mit der rechtwinkeligen Seite der Fünfecke zusammenfällt, so daß auf diese Weise aus der zweiten Eisenglanzgattung die dritte entsteht. Auf diese Weise wird ein Körper mit 12 Flächen zu einem mit 24 Flächen und den Grund dafür leite ich mir aus dem folgenden ab:

(48) 1. In der gleichen Druse[38)] mit Eisenglanz haben fast alle dünneren nur 12 Flächen, die dickeren aber 24; 2. bei einigen zwölfseitigen Körpern treten untergeordnet die Ansätze von dreiseitigen Flächen auf, die bei Vergrößerung den vierundzwanzigflächigen Körper ergeben.

Auf den dreiseitigen Flächen beobachtete ich manchmal eine so vollkommene Glätte, daß das Auge auch nicht die kleinste Unebenheit entdecken konnte, was bei keinem einzigen Bergkristall der Fall war. Bei anderen sah ich kreisförmige kleinere Flächen auf die größeren aufgelagert, von denen die höheren meistens dem dreieckigen Scheitel am nächsten waren, so daß man zweifeln kann, ob die fünfeckigen Flächen nicht aus den Basislinien der dreieckigen Flächen zusammengesetzt sind, zumal die Spuren der Streifen parallel zu ihnen verlaufen.

Daß sich in einem Kupferbergwerk auf die gleiche Weise gewinkelte Körper bilden, wie vom Bergkristall und Eisenglanz gesagt wurde, muß man aus jenen Erzproben schließen, die Du unter anderen Naturseltenheiten aufbewahrst; aber da die reichlich vorhandene Materie alle Zwischenräume der Körper ausgefüllt hat, ist es schwer, die unverletzte Gestalt der Körper festzustellen. Ebenso verhält es sich mit den gewinkelten Silberkörpern, die Dir aus Deutschland übersandt wurden.

Über den Diamant. Bei den Diamanten ergibt sich hinsichtlich Ort und Art ihrer Entstehung, ihrem Bau nach zu schließen, das gleiche wie für den Bergkristall, nämlich:

1. Sie sind in einer Flüssigkeit entstanden, die in Hohlräumen von Felsen eingeschlossen war, (49) wenn auch ein berühmter Schriftsteller über Indien klarzulegen sucht, daß er in der Erde, wo einmal Diamanten gegraben wurden, in einer bestimmten Reihe von Jahren nachwächst[39].

2. Sie sind aus Flüssigkeit entstanden durch Ansetzen von Diamantmaterie.

3. Bei ihrer Entstehung muß man die Tätigkeit eines feinen durchströmenden Fluidums und einer umgebenden Flüssigkeit beachten. Im übrigen ist die Gestalt verschiedenartig, da manche von 8, andere von 9, 18 und 24 Ebenen begrenzt werden, wobei die meisten Flächen gestreift sind, einige auch glatt. Manche wären vielleicht kantig, jedoch sind einige Oberflächen eher bucklig als eben.

Über den Pyrit[40]. Die Materie des Pyrites nimmt mannigfache Gestalten an, indem sie bald die Oberfläche einer Stelle überzieht, bald zu Körpern verdichtet wird, die aus mehreren Flächen bestehen, bald rechtwinkelige Parallelepipede bildet, die wir mit dem gewöhnlichen Namen Würfel benennen werden, wenn auch nur bei wenigen eine Gleichheit aller Flächen zu beobachten ist.

Da ich bezüglich der Pyritwürfel verschiedene Beobachtungen anstellen konnte, sowohl über die Würfel selbst, als auch über ihre Fundstellen, werde ich von ihnen allein reden. Ihre Entstehung unterscheidet sich von der Entstehung des Bergkristalls:

1. Hinsichtlich der Zeit; die Pyritwürfel sind nämlich vor der Bildung der Schichten entstanden, (50) in denen sie enthalten sind, die Bergkristalle aber nach der Bildung der Schichten.

2. Hinsichtlich des Entstehungsortes; der Bergkristall lag nämlich, wenigstens solange er wuchs, auf einem festen Körper auf, so daß er sich an einer teils festen, teils flüssigen Stelle befand. Die Pyritwürfel sind jedoch anscheinend zwischen zwei Flüssigkeiten gewachsen, da nicht einmal bei den größeren Würfeln Anzeichen eines Zusammenhanges mit einem anderen Körper vorhanden sind, wenn man auch öfters kleine Würfelchen findet, die sich beim Wachsen auf der Oberfläche der Flüssigkeit gegenseitig aneinanderhängten. Ganz sichere Beweise des großen Galilei lehren uns, daß derartige schwere Körper an der Oberfläche einer Flüssigkeit hängen können, während eine ihrer Oberflächen von einer darüber befindlichen leichteren Flüssigkeit von anderer Natur unmittelbar berührt wird. Die Materie der Schicht, die sich nachher aus der einen Flüssigkeit abschied, zeigt ferner an, daß die eine der beiden erwähnten Flüssigkeiten wässerig war.

3. Hinsichtlich Art und Ort des Ansatzes (der Materie); auf allen Würfelebenen setzt sich nämlich die Pyritmaterie anders an als wir das bei den Bergkristallen schilderten. Das zeigt klar die Gleichförmigkeit aller Oberflächen bei Würfeln,

die ich selbst aus Felsen herausschlug und bei denen sämtliche Flächen Streifen hatten, die zwei Seiten parallel verlaufen, und zwar derart, daß auf entgegengesetzten Flächen die Streifen im gleichen Sinn verlaufen, auf unmittelbar benachbarten Flächen dagegen in verschiedenem Sinn. Aus dem Verlauf der Streifen folgt, daß um jeden Würfel die umgebende Flüssigkeit eine dreifache Bewegung besaß, wovon die eine senkrecht zum Horizont (51) war, die anderen zwei dem Horizont parallel, aber senkrecht zu einander. Es ist nicht schwer, die Art dieser dreifachen Bewegungen zu erklären: die vom Mittelpunkt der Erde herströmende Flüssigkeit wird in ihrer geraden Fortbewegung von der Basis des Würfels behindert, weshalb sie gegen die schmäleren Seiten hin abgedrängt wird, da über die breiteren Seiten hin die aufsteigende Flüssigkeit heftiger andrängt und deshalb keinen Zutritt dahin gestattet. Auf diese Weise werden zwei Paare von Ebenen mit Spuren von Streifen gezeichnet; das dritte Ebenenpaar erhält seine Streifen von jenem Teil der Flüssigkeit, die zwischen dem Würfel und der von der Basis des Würfels zurückgedrängten Flüssigkeit durchströmt.

4. Hinsichtlich der Vollkommenheit der Gestalt; bei den Bergkristallen nämlich findet man kaum je einen, bei dessen Gestalt nicht etwas fehlte, wogegen den Pyritwürfeln selten etwas fehlt. Die Erklärung dafür ist nicht schwer; da nämlich am Bergkristall alle Körperwinkel, außer den äußeren, stumpf sind und sich an ihren einzelnen Flächen allmählich Kristallmaterie ansetzt, so wird eine beliebige Fläche, wenn die Nachbarflächen ihre Gestalt ändern, um so kleiner, je mehr Materie sich an ihr allein auflagert. Bei den Pyritwürfeln jedoch sind alle Körperwinkel rechte und wenn daher auch nur auf einer einzigen Fläche neue Materie hinzukommt, so behält diese Fläche immer die gleiche Größe bei, während die Nachbarflächen ihre Gestalt nicht ändern.

Mancherlei andere Dinge lassen sich noch an den Pyritwürfeln beobachten, so Würfel als Einschlüsse in den Würfeln, eine durchsichtige Materie, die von Pyritmaterie (52) überzogen ist, und ihrerseits einen anderen Pyrit einschließt und andere derartige Erscheinungen, die ich für die *Dissertation* selbst aufbewahre. Es gibt auch gewinkelte Körper, die sich in Lamellen auflösen, so wie die rhomboidalen Selenite[41)] rhomboidische Körper sind, welche sich in andere rhomboidische Körper auflösen; ferner verschiedene andere Körper, die sich zwar in vielem vom Bergkristall unterscheiden mögen, darin aber alle untereinander übereinstimmen, daß sie in und aus einer Flüssigkeit verfestigt sind. Das ist auch der Fall beim Talk[42)], dem unter den chemischen Materien so hochberühmten Körper, so daß jene Forscher durchaus Recht behalten, die annehmen, es könne der feste Körper des Talkes zu einem flüssigen Körper aufgelöst werden, da eben unbestreitbar ist, daß er aus einer Flüssigkeit verfestigt wurde. Sehr weit von der Wahrheit entfernt sind aber zweifellos jene Leute, die dies durch Feuerqualen von ihm zu erzwingen suchen; denn der Talk ist von der Natur eine sanftere Behandlung gewohnt und ist empört über eine solche Wildheit bei den Liebhabern der Anmut und daher gibt er, um sich zu retten, an das Feuer denjenigen Teil seines Lösungsmittels ab, den er eingeschlossen bewahrt.

Wenn eine genaue Untersuchung über die gewinkelten Körper angestellt würde, sowohl hinsichtlich ihrer Zusammensetzung als auch hinsichtlich ihrer Auflösung, so würden wir in kurzem eine bestimmte Kenntnis erlangen über die Verschiedenheit der Bewegung, durch die die Teilchen sowohl des feinen Fluidums, als auch die der umgebenden Flüssigkeit geleitet werden. Dieser Teil der Physik ist zwar nur von wenigen Männern berührt worden, aber zur wahren Erklärung der natürlichen Vorgänge für alle notwendig.

Die Schalen von Konchylien.

Unter den von Natur aus zwischen anderen festen Körpern eingeschlossenen festen Körpern (53) sind keine häufiger und mit mehr Zweifeln behaftet als die Schalen von Konchylien; ich werde sie daher etwas ausführlicher behandeln, indem ich zuerst die aus dem Meere genommenen betrachte, dann jene, die aus den Bergen ausgegraben werden.

Alle Arten von Schalen, die einmal ein Tier eingeschlossen enthielten, zeigen unserem Sinne folgende Eigenschaften:

1. Die ganzen Schalen lösen sich auf in Schälchen, die Schälchen aber in Fäden und diese Fäden lassen sich auf zwei Gattungen zurückführen, die sich in Farbe, Substanz und Ort gegenseitig unterscheiden.

2. Die obere und untere Oberfläche ist bei den Schälchen nichts anderes als das Ende der Fäden, und die seitliche Oberfläche besteht aus den Seiten der gleichen Fäden, die auf der Seite des Schälchens liegen.

3. Bei der Schale selbst ist die innere Oberfläche identisch mit der inneren Oberfläche des innersten oder größten Schälchens, die äußere Oberfläche aber ist zusammengesetzt aus der äußeren Oberfläche des kleinsten Schälchens, und aus der Oberfläche aller Seiten der dazwischen befindlichen Schälchen.

Über die Art, wie Schalen in Tieren erzeugt werden, kann man das folgende sicher beweisen:

1. Die Materie der Fäden ist dem Schweiß der Tiere darin ähnlich, daß sie eine feuchte Masse ist, welche durch die äußere Oberfläche des Tieres ausgeschieden wird.

2. Die Form der Fäden kann auf zwei Arten hervorgerufen werden, (54) entweder in den Poren des Tieres selbst, durch welche sie ausgeschieden werden, oder dadurch, daß die Oberfläche des wachsenden Tieres größer wird als die Oberfläche eines schon vorher vorhandenen Schälchens, deshalb von demselben abgehoben wird und auf diese Weise die leim-

artige Flüssigkeit, die zwischen den beiden Oberflächen enthalten ist, teils zu Fäden auszieht (was bei zähen Flüssigkeiten gewöhnlich ist), teils durch Ausscheidung neuer Flüssigkeit vermehrt, weil keine andere Materie zwischen die genannten zwei Oberflächen eindringen kann.

3. Die Verschiedenheit der Fäden hängt ab von der Verschiedenheit der Poren, von denen die Oberfläche des Tieres durchbohrt wird, und von der Verschiedenheit der Materie, die durch diese Poren abgesondert wird; es besitzen nämlich derartige Tiere eine doppelte Substanz auf ihrer Oberfläche, wovon die eine härter ist, die andere weicher, beide faserig. Eine genauere Untersuchung dieser Substanz bringt sehr viel Licht in die Erforschung der Knochen.

4. Alle Schälchen mit Ausnahme des äußersten oder des kleinsten sind entstanden zwischen der äußeren Schale und dem Körper des Tieres selbst, so daß sie nicht von ihnen aus selbst, sondern von dem Ort ihre Gestalt erhielten. Die Folge davon ist, daß die Bewegung des Tieres und die Menge der Materie öfters bei den Austern eine Abweichung in der Gestalt hervorbringt. Bezüglich des äußersten Schälchens kann man im Zweifel sein, ob die umgebende Flüssigkeit seine äußere Oberfläche berührte, oder ob sie von einer Art Membran bedeckt war; ich möchte aber glauben, daß nur die letztere Ansicht allein zu Recht besteht, und zwar weil 1.[43] die Fäden aller übrigen Schälchen zur Zeit ihrer Entstehung von der umgebenden Flüssigkeit unberührt (55) blieben, 2. bei der rauhen Gienmuschel (Chama hirsuta) ein einer Membran oder einer Haut ähnlicher Überzug außen auf den Schalen sichtbar ist. Aber es steht eine fast schon unfühlbare Sache in Frage und man kann sagen, daß die Fäden des ersten Schälchens schon noch innerhalb des Eies erhärtet seien, da nun einmal experimentell feststeht, daß die Auster und die übrigen Schalentiere aus Eiern, nicht aus Schlamm hervorgehen.

Aus dem Gesagten ergibt sich leicht: 1. Die ganze Mannigfaltigkeit der Farben und Stacheln, die bei unseren einheimischen und besonders bei fremden Schalen die Bewunderung vieler Leute erregt, geht nur aus dem Saum des Tieres hervor, das in der Schale eingeschlossen ist. Dieser Saum läßt bei seinem allmählichen Wachstum und Breiterwerden aus kleinen Anfängen an den einzelnen Rändern der Schälchen sein Bild zurück, weil eben die genannten Ränder entweder aus Feuchtigkeit entstehen, die aus dem Saum des Tieres ausgeschwitzt wird, oder die Säume des Tieres selbst bilden, welche wie die Zähne bei den Haifischen vielleicht von neuem an die Stelle des früheren Saumes nachwachsen und sich wie diese Zähne allmählich nach auswärts drehen. 2. Die Entstehung der Perlen, sowohl derjenigen, welche an den Schalen hängen und nicht gerade eine runde Form haben, als auch derjenigen, welche nach Versperrung der Porenmündungen auf der Oberfläche des Tieres innerhalb der Poren selbst runde Form erhalten; zwischen den Rinden der Perlen und den Schälchen der Perlenmuscheln besteht nur der Unterschied, daß die Fäden der Schalen gewissermaßen in derselben Ebene liegen, die Perlenrinden dagegen ihre Fäden über eine kuglige Oberfläche hin ausgebreitet haben. (56) Ein feines Beispiel dafür bot unter anderen auf Deinen Befehl von mir zerbrochenen Perlen eine, die außen glänzend weiß war und innen einen Körper einschloß, der an Farbe und Größe einem Pfefferkorn ähnlich war. Bei diesem war die Lage der Fäden sehr deutlich, wie sie mit einem Ende im Mittelpunkt zusammenliefen, und man konnte die Anordnungen oder Kugeln dieser unterscheiden. Bei derselben Gelegenheit sah ich 1. daß Perlen, die durch verschiedene Beulen ungleich sind, nichts anderes sind, als verschiedene kleine Perlen, die in den gleichen gemeinsamen Krusten eingeschlossen sind. 2. Daß viele Perlen nicht nur auf der äußersten Oberfläche einer Schicht, sondern auch in allen inneren Teilen der Schicht gelb sind; man kann daher nicht länger daran zweifeln, daß jene Farbe einer Veränderung der tierischen Feuchtigkeit zuzuschreiben ist und es heißt einen Mohren waschen, wenn man diese Farbe abspülen will, außer wenn die Farbe nicht zugehörig ist, z. B. wenn sie vom Halse des die Perle Tragenden stammt, oder wenn nur die äußerste Schicht gelb ist, wie es vorkommen kann, wenn die tierischen Feuchtigkeiten nicht dieselben waren wie zur Bildungszeit der inneren Schichten. Daraus ergibt sich ferner, daß es irrtümlich ist, ohne Kenntnis der Natur der Perlen eine künstliche Nachahmung finden zu wollen, da dies wohl niemand mit Erfolg unternehmen kann, wenn er nicht als zweiter Lucullus Aquarien mit Perlenmuscheln anfüllt und entweder an den Tieren selbst die Art untersucht, wie man sie vervielfältigen kann, oder daraus die Schwierigkeit erlernt, die Arbeiten der Natur nachzuahmen. Ich will nicht in Abrede stellen, daß man künstlich Kügelchen herstellen kann, (57) die aus verschiedenen Schichten zusammengesetzt sind, aber diese Schichten aus einer Reihe von gegenseitig aneinandergelagerten Fäden anzuordnen, wovon jener den Perlen eigene Glanz abhängt, das möchte ich in der Tat für sehr schwer halten.

Die Schalen, die im Schoß der Erde liegen, lassen sich auf drei Gattungen zurückführen.

Zur ersten Gattung gehören die, welche den eben beschriebenen so ähnlich sind, wie ein Ei dem anderen; es lösen sich nämlich die Schalen selbst in Schälchen auf und die Schälchen in Fäden, bei denen dieselbe Verschiedenheit und Lage besteht. Die Betrachtung einer Schale selbst ergibt, daß letztere einst Teile von Tieren waren, die in einer Flüssigkeit lebten, auch wenn man niemals marine Schalentiere zu Gesicht bekommen hätte; das wird sich aus dem Beispiel der doppelschaligen Muscheln ergeben.

Zur Zeit der Bildung der doppelschaligen Muscheln läßt sich über die in den Muscheln enthaltene Materie folgendes sagen:

1. Sie hatte eine glatte und von zahllosen Poren durchsetzte Oberfläche, dabei eine doppelte Verschiedenheit der Poren.

2. Ihre Substanz war biegsam und weniger hart als die Schale selbst.

3. Auf der einen Seite stand sie mit der umgebenden Materie in Verbindung, auf der anderen Seite hatte sie keine Verbindung mit ihr.

4. Von der Seite, wo die Verbindung mit der äußeren Materie unterbrochen war, wurde sie allmählich flacher gegen jenen Teil hin, wo eine freie Verbindung mit dieser Materie bestand.

(58) 5. Sie konnte sich zeitweise öffnen nach Maßgabe der Größe jenes Winkels, den die Schlösser der Schalen zulassen.

6. Sie wächst von einem kleinen Individuum zu einem großen heran.

7. Die Materie, aus der die Schälchen verfertigt sind, hat sie durch ihre eigene Substanz hindurchfiltriert.

Von der äußeren Materie, welche die Muscheln umgab, läßt sich aussagen: 1. Wenn sie nicht überhaupt ganz flüssig war, so besaß sie doch wenigstens eine geringere Widerstandskraft, als das Ausdehnungsvermögen der in den Muscheln enthaltenen Materie war. 2. Sie enthielt eine flüssige Substanz, die geeignet war, daraus die Fäden der Schälchen zu verfertigen; alle diese Bedingungen des inneren und äußeren Raumes werden in der eigentlichen *Dissertation*, mit Beweisen und Figuren belegt, zur Genüge dartun, daß innerhalb der Muscheln ein Tier und außerhalb eine Flüssigkeit vorhanden war.

Die zweite Gattung dieser Schalen ist diejenige, welche den eben beschriebenen im übrigen ähnlich sind und sich nur in der Farbe und im Gewicht von ihnen unterscheiden; es gibt manchmal leichtere als normal ist, manchmal schwerere, weil diese Poren haben, die mit einem fremden Saft angefüllt sind, jene aber Poren, die durch Verdrängung der leichteren Teile erweitert sind. Ich will über sie nur noch hinzufügen, daß es Tierschalen sind, entweder versteinte oder kalzinierte.

Die dritte Gattung sind diejenigen, welche nur durch die Gestalt allein den eben beschriebenen Schalen ähnlich sind, sich aber sonst ganz von ihnen unterscheiden, da man bei ihnen weder Schälchen, noch Fäden und noch viel weniger die Verschiedenheit der Fäden beobachten kann. Von diesen bestehen manche aus Luft, andere aus Stein von schwarzer (59) oder gelber Farbe, andere aus Marmor, wieder andere aus Kristall oder aus einer anderen Materie; die Entstehung aller dieser erkläre ich auf folgende Weise:

Wo die durchdringende Kraft von Säften die Substanz einer Schale auflöste, da wurden diese Säfte entweder von der Erde aufgesogen und hinterließen leere Hohlräume von Schalen – ich bezeichne solche Schalen als aus Luft bestehend – oder sie wurden durch neu hinzuströmende Materie verändert und erfüllten je nach der Verschiedenheit dieser Materie die Hohlräume der Schalen entweder mit Kristallen, mit Marmor oder mit Stein. Diese Entstehung hat jene prachtvolle Marmorart, die man Nephiri nennt und die nichts anderes ist als ein Meeressediment, voll von Muscheln aller Art, wobei nach Zerstörung der Schalensubstanz eine Steinsubstanz deren Platz einnahm.

Die Kürze meiner Schrift gestattet nicht eine Beschreibung alles dessen beizubringen, was ich bei den einzelnen Gattungen der aus der Erde gegrabenen Muscheln Erwähnenswertes beobachtete und deshalb will ich unter Weglassung von anderem nur das folgende hier anführen:

1. Es wurde eine Perlmuschel in Toskana gefunden, wobei eine Perle an der Muschel selbst hing.

2. Bei Seesteckmuscheln blieb größtenteils nach Zerstörung des Byssus die Farbe desselben in der Erdmaterie zurück, welche die Muschel erfüllt hatte.

3. Es gibt Austernschalen von wunderbarer Größe, bei denen man mehrere längliche, von Würmern ausgebohrte Hohlräume findet, jenen vollkommen ähnlich, welche in dem Gestein von Ancona, Neapel und Sizilien eine bestimmte (60) Muschelart bewohnt. Wenn diese Hohlräume der Steine nicht von Insekten gebildet wurden, die ihr Nest aus Schlamm herstellen – was ich kaum glauben kann, da die Substanz mitten im Fels, wo man keine Hohlräume findet, dieselbe ist wie die Substanz der Hohlräume, die auf jeder Oberfläche hängen –, so werden sie von Würmern ausgefressen sein, da sowohl die Oberfläche des Hohlraumes darauf hindeutet, als auch ein in vielen Hohlräumen gefundener, aus dickeren Fasern bestehender Körper das beweist. Dieser Körper entspricht dem Hohlraum in Größe und Gestalt. Sicher wurden sie weder von Muscheln noch für Muscheln gemacht, da derartige Schalentiere keine Organe zum Nagen besitzen und kein Hohlraum der Gestalt einer Schale entspricht. Es ist nicht zu verwundern, daß die dem Meer ausgesetzten Felsen den vom Meer ausgeworfenen Eiern der Konchylien mit den besagten Hohlräumen als Behälter dienen, da ich bisher keinen Hohlraum sah, dem ein Ausgang ins Freie fehlte. Wenn man die Behauptung aufstellt, jene Hohlräume seien von einem steinbildenden, um gewisse Körper herum erstarrten Saft hervorgebracht worden, so müßte man einige Hohlräume finden, die von dieser Materie allseitig eingehüllt sind und keine Öffnung haben.

4. Eine Schale war auf der Innenseite zum Teil zerstört und dort, wo die fehlende zernagte Substanz durch eine Kru-

ste aus Marmor ersetzt war, von verschiedenen Entenmuscheln bedeckt; daraus läßt sich der sichere Schluß ziehen, daß diese Schale vom Meer auf dem Lande zurückgelassen wurde, wieder ins Meer geraten war, neuerdings von einem Sediment eingehüllt und wiederum vom Meer zurückgelassen wurde.

5. Die Eier sind winzig klein und es gibt Schraubenschnekken, die nur mit dem Mikroskop gerade noch wahrnehmbar sind.

(61) 6. Es gibt Kammuscheln, Schraubenmuscheln und zweischalige Muscheln, die nicht von Kristall bedeckt sind, sondern ganz aus Kristallsubstanz bestehen.

7. Es gibt verschiedenartige Röhren von Seewürmern.

Andere Teile von Tieren.

Was über die Schalen gesagt wurde, ist ebenso von den anderen Teilen der Tiere zu sagen und von den Tieren selbst, die von der Erde bedeckt sind; dazu gehören Zähne von Seehunden, Zähne des Adlerfisches, Fischwirbel, alle Arten ganzer Fische, Schädel, Hörner, Zähne, Schenkelknochen und andere Knochen von Landtieren, wobei dies alles echten Teilen von Tieren entweder durchaus ähnlich ist, oder nur im Gewicht und in der Farbe von ihnen abweicht, oder außer der äußeren Figur allein mit ihnen nichts gemeinsam hat.

Eine große Schwierigkeit bereitet die unzählige Zahl von Zähnen, die Jahr für Jahr aus der Insel Malta ausgeführt werden, da kaum ein Schiff dort anläuft, das nicht einige Beweise dieses Wunders mit sich wegführt. Aber für diese Schwierigkeit finde ich nur folgende Antwort: 1. Die einzelnen Haie haben sechshundert und mehr Zähne und in ihrer ganzen Lebensdauer scheinen neue Zähne nachzuwachsen. 2. Das vom Sturm aufgeregte Meer treibt in der Regel die ihm entgegenkommenden Körper gegen eine bestimmte Stelle und häuft sie dort an. 3. Die Haifische leben herdenweise und daher konnten am gleichen Ort die Zähne einer ganzen Anzahl von Haifischen übrigbleiben. 4. In Erdproben aus Malta, die hierhergebracht wurden, fanden sich außer den verschiedenen Zähnen verschiedener Haifische noch (62) verschiedene Konchylien; wenn nun die Zahl der Zähne darauf hindeutet, daß ihre Erzeugung der Erde zuzuschreiben ist, so sind doch der Bau dieser Zähne und ihre Menge bei den einzelnen Tieren, die dem Meeresgrund ähnliche Erde und die an derselben Stelle aufgefundenen anderen aus dem Meere stammenden Körper der gegenteiligen Ansicht günstig.

Andere finden Schwierigkeiten in der Größe der Schenkelknochen, Schädel und Zähne sowie der anderen Knochen, die man aus der Erde ausgräbt. Aber dieser Einwand ist nicht so schwerwiegend, daß man bei einer das gewohnte Maß überschreitenden Größe eine Art annehmen muß, welche die Kräfte der Natur übersteigt, besonders da 1. in unserer Zeit menschliche Körper zu sehen sind, die einen sehr hochragenden Wuchs besitzen; 2. es gewiß ist, daß es einst Menschen von riesenhafter Größe gab; 3. öfter Knochen von anderen Lebewesen für Menschenknochen gehalten werden; 4. es das gleiche ist, der Natur die Erzeugung von wirklich faserigen Knochen zuzuschreiben, als zu sagen, die Natur könne eine Menschenhand erzeugen, ohne den übrigen Menschen dazu.

Es gibt Leute, denen die Länge der Zeit die Kraft der übrigen Beweise hinfällig zu machen scheint, da man sich zu keiner Zeit erinnern kann, daß Überschwemmungen bis dahin gestiegen sind, wo heute viele Körper von Seetieren gefunden werden. Eine Ausnahme macht die Sintflut, von der bis zu unserer Zeit ungefähr viertausend Jahre verstrichen sind. Es erscheint nicht im Einklang mit der Vernunft, daß ein Teil eines Tierkörpers den Unbilden so vieler Jahre widerstanden habe, da wir sehen, daß derartige Körper oft im Verlauf weniger Jahre (63) vollkommen zerstört werden. Aber diesem Einwand kann man leicht entgegnen, da dies von der Bodenart abhängt; ich sah nämlich aus einer bestimmten Tonart bestehende Schichten, die alle in ihnen eingeschlossenen Körper infolge der Feinheit ihres Saftes auflösten und ich beobachtete sehr viele andere Sandschichten, die alles in ihnen Befindliche unversehrt erhielten. Durch diesen Versuch wäre es möglich, zur Kenntnis jenes Saftes zu gelangen, der die festen Körper auflöst. Dafür, daß man die Erzeugung vieler Muscheln, die wir heute finden, mit Sicherheit in die Zeiten verlegen muß, die mit der Sintflut zusammenfallen, wird folgender Beweis genügen. Es ist sicher, daß schon vor der Gründung Roms die Stadt Volterra mächtig war; in den gewaltigen Felsen, die man an einigen Stellen dort findet – es sind Spuren der ältesten Mauern –, trifft man Konchylien aller Art an und vor nicht gar langer Zeit wurde mitten im Marktplatz ein Felsen ausgehauen, der ganz voll gestreifter Muscheln war, so daß mit Sicherheit die heute in dem genannten Felsen gefundenen Muscheln schon damals erzeugt waren, als die Mauern von Volterra erbaut wurden. Und daß niemand sagen kann, nur Schalen, die in Stein umgewandelt wurden oder in Stein eingeschlossen sind, hatten von dem Zahn der Zeit keinen Schaden erlitten, so sei bemerkt, daß der ganze Hügel, auf dem die uralte Etruskerstadt erbaut ist, aus Meeressedimenten besteht, die gegenseitig übereinander lagern und dem Horizont parallel sind und daß dort viele nicht aus Stein bestehende Schichten an echten und gänzlich (64) unveränderten Muscheln wimmeln. Man darf daher mit Bestimmtheit behaupten, daß die unveränderten Muscheln, die wir heute dort herausholen, vor dreitausend und noch mehr Jahren, von jetzt ab gerechnet, erzeugt wurden. Von der Gründung Roms bis auf unsere Zeiten zählen wir zweitausendvierhundertzwanzig Jahre und mehr; und wer wird nicht zugeben, daß mehrere Jahrhunderte verflossen sind, von der Niederlassung der ersten Menschen dortselbst bis die Stadt zu jener Größe anwuchs, deren sie sich bei der Gründung Roms erfreute? Wenn wir zu dieser Zeit jene hinzurechnen, die zwischen der ersten Sedimentbildung des Hügels von Volterra und dem Zeitpunkt liegt, an dem dieser Hügel und seine fremden Zuflüsse vom Meer verlassen wurden, so erreichen wir leicht die Zeiten der Sintflut.

Dieselbe Autorität der Geschichte verbietet zu bezweifeln, daß jene sehr großen Knochen, die bei Arezzo ausgegraben werden, der Zerstörungskraft von neunzehnhundert Jahren widerstanden. Es ist nämlich sicher: 1. daß die Schädel von Zugtieren, die man dort findet, nicht von Tieren dieses Klimas stammen, ebensowenig auch jene ungeheuren Schenkelknochen und sehr langen Schulterbläter, die man an der gleichen Stelle findet. 2. Sicher ist, daß dorthin Hannibal zog vor seiner Schlacht mit den Römern am Trasimenischen See. 3. Sicher ist ferner, daß in seinem Heer afrikanische Zugtiere vorhanden waren sowie turmtragende Elefanten von unermeßlicher Größe. 4. Sicher ist weiterhin, daß beim Herabsteigen von den Bergen von Fiesole ein großer Teil der zum Transport von Lasten bestimmten Tiere an sumpfigen Stellen (65) infolge von Überflutung zugrunde ging. 5. Sicher ist endlich, daß die Örtlichkeit, wo die besagten Gebeine ausgegraben werden, aus verschiedenen Schichten zusammengesetzt ist, die voll sind von Felsen, die von den umliegenden Bergen durch Gießbäche herabgeschwemmt wurden. Wer deshalb die Natur der Örtlichkeit und der Knochen mit der Geschichte in Zusammenhang bringt, dem kann der offensichtliche Zusammenhang in allem nicht länger verborgen bleiben.

Pflanzen. Was über die Tiere und ihre Teile gesagt wurde, das trifft in gleicher Weise auch für die Pflanzen und die Teile der Pflanzen zu, mögen sie nun aus Erdschichten gegeben werden oder sich in Felssubstanz verbergen. Sie gleichen nämlich entweder den wahren Pflanzen und ihren Teilen vollkommen, was aber seltener der Fall ist, oder unterscheiden sich von ihnen nur in

Farbe und Gewicht. Derartige Pflanzen kommen häufiger vor, bald zu Kohle verbrannt[44], bald mit einem versteinenden Saft imprägniert, oder sie entsprechen ihnen nur in der Gestalt; solche gibt es an verschiedenen Orten eine große Menge.

Bei den ersten beiden Gattungen darf man nicht bezweifeln, daß einst wahre Pflanzen vorlagen, da dies der Bau der Körper selbst bekräftigt und die Natur ihres Fundortes nicht widerspricht. Der Einwand, daß in ein Gebäude gebrachte Erde im Lauf der Zeiten zu Holz wird, kann nur für Holz geltend gemacht werden, das in der Oberfläche der Erde eingeschlossen ist, und da macht die im Lauf der Zeit ausgetrocknete und zu Pulver zerfallene Erde das in ihr eingeschlossene Holz sichtbar. Auch Metallfäden, die in Ritzen desselben Holzes aufgefunden wurden, sind nicht überzeugend, da ich selbst aus der Erde einen Klotz zog, der sich durch den Besitz von Astknoten und einer Rinde als Pflanze erwies und dessen Risse mit mineralischer Materie (66) vollgestopft waren. Man könnte auch hierin die Lehre von den Mineralien nicht wenig fördern, wenn im Holz und im Fundort des Holzes untersucht würde, was diese zur Erzeugung von Mineralien beitragen können. Unter dem Namen Bitumen kommt vieles vor, was nur Kohle ist, wie der Lauf der Fasern und die beim Verbrennen zurückbleibende Asche beweisen. Größere Schwierigkeit bereitet die dritte Gattung der Pflanzen oder die Steinen eingeschriebenen Pflanzenfiguren; wir beobachten derartige Gestalten beim Reif, beim Quecksilberbaum, bei verschiedenen flüchtigen Salzen, bei einer weißen in Wasser auflösbaren Substanz, die in Glasgefäßen nicht nur an deren inneren Seiten anwächst, sondern bisweilen mitten aus dem Grunde in die freie Luft emporragt. Aber wenn man alles richtig erwägt, so ergibt sich nichts, was mit den angeführten Ansichten im Widerspruch stünde. Die in den Felsen eingegrabenen Pflanzenfiguren gehören nämlich zu zwei

Gattungen: die einen hängen nur an der Oberfläche von Ritzen und ich will gern zugeben, daß diese ohne eine echte Pflanze, aber nicht ohne Flüssigkeit hervorgebracht wurden; die anderen befinden sich nicht nur auf der Oberfläche der Ritzen, sondern verbreiten ihre Ästchen durch die Steinsubstanz selbst überallhin. Daraus folgt, daß zur Entstehungszeit der besagten Pflanze die Steinsubstanz selbst sich noch in flüssigem Zustand befunden haben muß, mag die Pflanze nun entstanden sein wie andere Pflanzen, oder wie Quecksilberpflanzen[45)]. Das wird auch weiterhin bekräftigt nicht nur durch die weichere Beschaffenheit des Steins selbst, sondern auch durch gewinkelte Körper, die in einer Baumpflanzung auf Elba häufig sind und die sich nur in einer freien Flüssigkeit bilden können. (67) Aber was braucht es anderer Beweise, wo die Erfahrung selber spricht? Ich habe verschiedene feuchte Stellen besucht, sowohl oberirdische, als auch unterirdische, wo das vorbeifließende Wasser auf Moosen und anderen Pflanzen Stein absetzte, der von neuem Moos verschiedener Gattung bedeckt wurde. Bis jetzt habe ich vornehmlich jene Körper durchgemustert, deren Fundort vielen Zweifel daran einflößte, ob es auch der Ort ihrer Entstehung sei und bei dieser Gelegenheit zeigte ich, wie man aus wahrnehmbaren Dingen auch bestimmte Schlüsse auf das ziehen könne, was sich nicht wahrnehmen läßt.

Die verschiedenen in Toskana vorgekommenen Veränderungen.

Wie der gegenwärtige Zustand einer Sache ihren Zustand in der Vergangenheit aufdeckt, das zeigt vor anderen Toskana deutlich durch sein Beispiel; die in seiner heutigen Gestaltung wahrnehmbaren Ungleichheiten enthalten in sich deutliche Anzeichen verschiedener Veränderungen, die ich in umgekehrter Reihenfolge aufzählen will, indem ich von der jüngsten zur ersten zurückschreite[46)].

1. Einst lag die geneigte Ebene A in der gleichen Ebene mit der höher gelegenen horizontalen Ebene B und die Oberseite

der Ebene A war derartig erhöht, daß auch diejenige der höher gelegenen horizontalen Ebene C sich weiter fortsetzte, mag nun die tiefer gelegene horizontale Ebene D sich in derselben Ebene befunden haben wie die höher gelegenen horizontalen Ebenen B und C, oder mag sich dort ein anderer fester Körper befunden haben, der die bloßen Seiten der höher gelegenen Ebenen stützte; oder, was dasselbe ist, wo heute Flüsse, Sümpfe, tiefgelegene Ebenen, Abgründe und geneigte Ebenen zwischen Sandhügeln zu sehen sind, war einst alles eben und in dieser Zeit überfluteten entweder alle Gewässer des Regens und (68) der Flußläufe diese Ebene, oder sie hatten sich unter der Ebene unterirdische Kanäle gebahnt. Jedenfalls befanden sich unter den höher gelegenen Schichten Hohlräume.

2. In der Zeit, in der die Ebenen B, A, C und die darunterliegenden anderen Ebenen entstanden, war die ganze Ebene B, A, C von Wasser bedeckt; oder was dasselbe ist, das Meer lag einstens höher als die Sandhügel, mögen diese auch noch so hoch gewesen sein.

3. Bevor die Ebene B, A, C entstand, hatten die Ebenen F, G, I dieselbe Lage, welche sie jetzt einnehmen, oder was dasselbe ist, vor der Entstehung der Schichten der Sandhügel gab es an den nämlichen Stellen tiefe Täler.

4. Die geneigte Ebene I befand sich einstens mit den horizontalen Ebenen F und G in derselben Ebene und die nackten Seiten der Ebenen I und G setzten sich entweder weiter fort, oder es befand sich dort ein anderer fester Körper, der diese nackten Seiten stützte; oder was dasselbe ist, wo man heute zwischen den ebenen Scheiteln der höchsten Berge Täler sieht, war einst eine fortlaufende Ebene vorhanden, unter der sich ungeheure Hohlräume gebildet hatten, bevor der Einsturz der oben gelegenen Schichten erfolgte.

5. Als die Ebene F, G entstand, befand sich auf ihr eine

wässerige Flüssigkeit, oder was dasselbe ist, einst waren die ebenen Scheitel der höchsten Berge mit Wasser bedeckt.

Wir erkennen also sechs deutliche Faziesbildungen[47)] in Toskana, (69) während es zweimal von Wasser bedeckt, zweimal eben und trocken und zweimal uneben war. Das beweise ich durch Anführung vieler von mir besichtigter Örtlichkeiten von Toskana und ebenso bekräftige ich es für die ganze Erde durch die Beschreibung verschiedener Orte, die aus verschiedenen Autoren angeführt werden. Damit aber niemand eine Gefahr von der Neuerung befürchte, werde ich in Kürze die Übereinstimmung der Natur mit der heiligen Schrift auseinandersetzen, indem ich die hauptsächlichsten Schwierigkeiten aufzähle, die man bezüglich der einzelnen Faziesbildungen der Erde anführen kann.

Hinsichtlich der ersten Faziesbildung stimmen Schrift und Natur darin überein, daß alles mit Wasser bedeckt war; darüber, wie spät und wann dies begann und wie lange es andauerte, schweigt die Natur, aber die Schrift spricht. Daß es nun eine Flüssigkeit von wässeriger Natur gab in der Zeit, in der weder Tiere noch Pflanzen vorhanden waren, und daß jene Flüssigkeit alles bedeckte, das beweisen die Schichten der hohen Berge, die keinen fremdartigen Körper enthalten. Durch ihre Gestalt wird die Anwesenheit einer Flüssigkeit und durch ihre Materie die Abwesenheit von fremdartigen Körpern bewiesen: die Ähnlichkeit der Materie aber und der Gestalt bei den Schichten der verschiedenen und voneinander entfernten Berge beweist, daß jene Flüssigkeit allgemein war. Wenn jemand behauptet, daß die in jenen Schichten enthaltenen festen Körper von verschiedenartiger Natur im Lauf der Zeit aufgezehrt worden seien, so wird er nicht in Abrede stellen können, daß dort eine deutliche Verschiedenheit zu beobachten sein müßte zwischen der Materie der Schicht und derjenigen Materie, die durch die Poren der Schicht hindurchsikkerte und den Raum der aufgezehrten Körper ausfüllte. Wenn man ferner an manchen Stellen über den Schichten der ersten Flüssigkeit (70) andere Schichten finden würde, die mit verschiedenartigen Körpern angefüllt sind, so würde daraus doch nur folgen, daß über den Schichten der ersten Flüssigkeit von einer anderen Flüssigkeit neue Schichten abgelagert wurden, deren Materie ebenfalls die Trümmer der von der ersten Flüssigkeit zurückgelassenen Schichten erfüllen konnte. Man muß also immer wieder darauf zurückkommen, daß zu der Zeit, als sich jene aus einfacher Materie bestehenden und auf allen Bergen vorkommenden Schichten bildeten, die übrigen Schichten noch nicht vorhanden waren, sondern alles bedeckt war von einer Flüssigkeit ohne Pflanzen, Tiere und andere feste Körper. Da nun diese Schichten von der Art derer sind, welche ohne allen Zweifel von dem ersten Erschöpfer unmittelbar erschaffen sein können, so erkennen wir daraus eine offenbare Übereinstimmung der Schrift mit der Natur.

Bezüglich der zweiten Faziesbildung der Erde, die eben und trocken war, schweigt die Natur ebenfalls von Zeit und Art ihres Anfangs, und die Schrift spricht; übrigens bekräftigt die Schrift die Folgerung aus der Natur, daß es eine solche Faziesbildung der Erde einmal gab, indem sie lehrt, daß die aus einer Quelle entströmenden Wasser die ganze Erde bewässerten.

Die dritte Faziesbildung der Erde wird als uneben bestimmt, aber weder Natur noch Schrift geben an, wenn sie begann. Die Natur beweist, daß jene Unebenheit sehr groß war, die Schrift aber tut der Berge zur Zeit der Sintflut Erwähnung. Im übrigen setzen weder die Schrift noch die Natur fest, wann jene Berge erzeugt wurden, welche die Schrift dort erwähnt, ob es die gleichen waren wie die jetzigen, ob zu Beginn der Sintflut dieselben tiefen Täler vorhanden waren wie heute, oder ob zur (71) Senkung des Spiegels der überflutenden Gewässer neue Brüche der Schichten neue Abgründe öffneten.

Die vierte Faziesbildung, bei der alles Meer war, macht scheinbar mehr Arbeit, wenn auch tatsächlich dort nur Leichtes vorkommt. Die Entstehung von Hügeln aus Meeresabsatz bezeugt, daß das Meer höher war als es eben ist, und zwar nicht nur in Toskana, sondern an sehr zahlreichen Stellen, die ziemlich weit vom Meer entfernt sind und von denen die Gewässer gegen das Mittelländische Meer hinabfließen und ebenso an jenen Stellen, von wo sie in den Ozean fließen. Wie hoch jene Meereshöhe war, läßt sich aus der Schrift bestimmen und die Natur widerspricht dem nicht, denn: 1. Sichere Spuren des Meeres sind an Stellen vorhanden, die mehrere hundert Fuß die Oberfläche des Meeres überragen. 2. Man wird nicht in Abrede stellen können, daß ebenso, wie alles Festland am Anfang der Dinge mit wässeriger Flüssigkeit bedeckt war, es auch nochmals mit wässeriger Flüssigkeit bedeckt werden kann, da zwar die Änderung der natürlichen Dinge kontinuierlich verläuft, es aber keine natürliche Zurückführung in das Nichts gibt. Wer hat aber den inneren Aufbau der Erde so erforscht, daß er in Abrede zu stellen wagt, es könne dort ungeheure Räume geben, die bald mit Wasser, bald mit Luft angefüllt sind? 3. Es mag völlig unsicher sein, welche Tiefe die Täler zu Beginn der Sintflut hatten; die Vernunft zwingt jedenfalls zu der Annahme, daß in den ersten Jahrhunderten der Welt von Wasser und Feuer kleinere Hohlräume ausgenagt wurden und auf diese Weise weniger tiefe Einstürze von Schichten darauf folgten. Die höchsten Berge aber, deren die Schrift gedenkt, (72) waren die höchsten jener Berge, die es damals gab, nicht jedoch derjenigen, die wir heute sehen. 4. Wenn von lebenden Wesen ausgehende Bewegung bewirken kann, daß nach Belieben bald von Wasser bedeckte Stellen trocken werden, bald neuerdings vom Wasser bedeckt werden, warum sollten wir nicht ohne weiteres in erster Linie dem Beweger aller Dinge die gleiche Freiheit und die gleichen Kräfte zugestehen? Betreffs der Zeit der Sintflut steht die weltliche Geschichte nicht im Widerspruch mit einer genauen Erörterung der Angaben der heiligen Schrift. Alte etruskische Städte, von denen einige auf vom Meer erzeugten Hügeln erbaut sind, verlegen ihre Gründung mehr als dreitausend Jahre zurück und in Lydien kommen wir nahe an viertausend Jahre, so daß man daraus schließen kann, die Zeit, in der die Erde vom Meer verlassen wurde, stimmt mit der von der Schrift erwähnten Zeit überein. Was die Art des Wachsens der Gewässer anlangt, so könnten wir verschiedentlich eine Übereinstimmung mit den Naturgesetzen anführen. Wenn behauptet wird, in der Erde sei der Schweremittelpunkt nicht stets derselbe wie der Mittelpunkt der Kugel, sondern er weiche bald in dem oder jenem ihrer Teile ab, je nachdem an den verschiedenen Stellen unterirdische Hohlräume entstanden seien, so kann man darin leicht den Grund finden, warum die zu Beginn der Dinge alles bedeckende Flüssigkeit gewisse Stellen trocken zurückließ und wiederkam um jene zu bedecken. Mit derselben Leichtigkeit ist die Sintflut zu erklären, wenn rings um das Feuer in der Mitte der Erde eine Sphäre von Wasser oder doch wenigstens gewaltige Behälter vorhanden waren; daraus kann man ohne eine Bewegung des Mittelpunktes ein Herausquellen des eingeschlossenen Wassers ableiten. Aber mir scheint auch (73) die folgende Weise sehr leicht zu sein zum Auffinden der geringeren Tiefe der Täler und einer genügenden Menge von Wasser, ohne Berücksichtigung des Mittelpunktes der Gestalt oder der Schwerkraft. Wenn wir nämlich folgende Annahmen machen: 1. Daß durch den Zusammensturz der Bruchstücke einiger Schichten die Schluchten verstopft wurden, durch welche das in die Hohlräume der Erde eindringende Meer sein

Wasser zur Bildung der Quellen entsendet. 2. Daß das im Erdinnern eingeschlossene Wasser, dessen Vorhandensein keinem Sterblichen zweifelhaft ist, durch die Gewalt des unterirdischen Feuers, das alle kennen, teils gegen die Quellen hin getrieben wurde, teils durch die Poren des noch nicht von Wasser bedeckten Teils der Erde in die Luft gedrängt wurde. Dasjenige Wasser aber, das sowohl stets in der Luft schwebt, als ganz besonders auf die besagte Weise mit ihr gemischt wurde, kam in Form von Regengüssen herab. 3. Der Meeresgrund wurde durch eine Ausdehnung der unterirdischen Hohlräume gehoben. 4. Die übrigen Hohlräume auf der Erdoberfläche waren angefüllt mit Erdmaterie, die von höhergelegenen Stellen durch die fortwährend niedergehenden Regengüsse herabgeschwemmt wurde. 5. Die Erdoberfläche selbst war weniger uneben, d. h. ihrem Ursprungspunkt näher benachbart; weder die Schrift, noch die Vernunft, noch die tägliche Erfahrung weist auf das Gegenteil hin. Was sich während der Bedeckung mit Wasser auf der Erdoberfläche zutrug, das erklärt weder die Schrift, noch die Natur; nur soviel können wir aus der Natur ersehen, daß damals tiefe Täler entstanden, 1. weil die durch die Gewalt unterirdischer Feuer größer gemachten Hohlräume Platz für größere Einbrüche boten; 2. weil sich für die Wasser zwecks Rückkehr in die tieferen Erdschichten ein Zugang eröffnen mußte; (74) 3. weil man heute an vom Meer entfernten Stellen tiefe Täler sieht, die von mehreren Meeressedimenten angefüllt sind.

Bei der fünften Faziesbildung zeigte die wiederum trocken gewordene Erde ungeheure Ebenen; die Entstehung dieser Ebenen beweist die Natur und die Schrift sagt nichts dagegen. Da übrigens darüber, ob damals das ganze Meer zurücktrat, oder ob im Lauf der Jahrhunderte neue Abgründe sich auftaten und Gelegenheit zur Entblößung neuer Gegenden gaben, die Schrift schweigt und die Geschichte der Völker über die ersten Jahrhunderte seit der Sintflut den Völkern selbst zweifelhaft und glaublich voller Märchen ist, so läßt sich über diese Sache nichts Gewisses aussagen. Soviel ist jedenfalls sicher, daß eine große Masse Erdreich jedes Jahr dem Meer zugeführt wird – wie die Größe und der lange Weg der Flüsse durch die mittelländischen Gebiete, die unzähligen Gießbäche, kurz, die ganze abschüssige Neigung der Erde jedem Beschauer leicht klar machen – und daß die so von den Flüssen weggeführten Erdmassen zu den Küsten hinzugefügt werden, wodurch Tag für Tag neue Erdstriche, die für neue Bewohner geeignet sind, zurückbleiben. Das bekräftigt auch die Ansicht der Alten, die ganze Gegenden Geschenke von Flüssen nannten, ferner die Überlieferung der Griechen, die berichten, daß die Menschen allmählich von den Bergen herabstiegen und die am Meere gelegenen Stellen bevölkerten, die wegen ihrer übergroßen Feuchtigkeit unfruchtbar waren und im Lauf der Zeit fruchtbar wurden.

Die sechste Faziesbildung nehmen wir mit unseren Sinnen wahr; in ihr gingen die erwähnten Ebenen vorwiegend durch Erosion, manchmal auch (75) durch Ausbrennen mittels des Feuers in die verschiedenen Kanäle, Täler und Abgründe über und es ist nicht zu verwundern, daß man bei den Geschichtsschreibern nicht lesen kann, zu welcher Zeit jede Veränderung eintrat. Die Geschichte der ersten Jahrhunderte seit der Sintflut ist nämlich bei den weltlichen Geschichtsschreibern verworren und zweifelhaft; im Lauf der Jahrhunderte jedoch nahmen sie als Gegenstand der Verherrlichung die Taten berühmter Männer, nicht aber die Wunder der Natur. Einerseits besitzen wir nun die von Schriftstellern angeführten Werke der Autoren, welche die Geschichte der an den verschiedenen Orten stattgefundenen Veränderungen aufzeichneten, nicht, wogegen andererseits die übrigen Autoren, deren Schriften erhalten sind, fast jedes Jahr unter den großen Ereignissen auch Erdbeben erwähnen, dann aus der Erde herausbrechende Feuerfluten, Überschwemmungen von Flüssen und von Meeren; es ergibt sich daher nichtsdestoweniger (d. h. trotz des Fehlens einer genauen Aufzeichnung, d. Übers.) mit Leichtigkeit, daß sich in den viertausend Jahren viele und verschiedenartige Änderungen ereigneten. Es befinden sich daher die Leute sehr im Irrtum, die in den Schriften der Alten viele Irrtümer rügen, weil dort viele von der heutigen Geographie abweichende Angaben vorkommen. Ich möchte nicht den Märchenberichten der Alten leichtgläubig gegenüberstehen, aber es gibt doch auch viele Angaben bei ihnen, denen ich die Richtigkeit nicht absprechen möchte. Von dieser Art stoße ich dort auf vieles, dessen Unrichtigkeit mir eher zweifelhaft zu sein scheint als seine Richtigkeit, so die Trennung des Mittelländischen Meeres vom Atlantischen Ozean, eine Verbindung des Mittelländischen Meeres mit dem Roten Meer, das Versinken der Insel Atlantis, die wahrheitsgetreue Beschreibung verschiedener Örtlichkeiten auf den Fahrten des Dionysos, Triptolemos, Odysseus und Aeneas sowie anderer, wenn sie auch mit den heute vorliegenden Verhältnissen nicht übereinstimmt. (76) Klare Beweise für die meisten Veränderungen, die sich in Toskana im ganzen Gebiet zwischen Arno und Tiber ereigneten, werde ich in der *Dissertation* selbst beibringen und wenn man auch die Zeit nicht bestimmen kann, zu der sich die einzelnen Veränderungen zutrugen, so werde ich doch derartige Beweise aus der Geschichte Italiens anführen, daß niemand mehr im Zweifel sein wird.

Das ist nun eine kurze, um nicht zu sagen überstürzte Zusammenfassung der wichtigsten Dinge, die ich in der eigentlichen *Dissertation* sowohl deutlicher als auch breiter auseinanderzusetzen beschlossen hatte nebst Beifügung einer Beschreibung der Orte, wo ich die einzelnen Beobachtungen machte[48].

Erklärung der Figuren.

Da die Kürze einer überstürzten Schreibweise vieles weniger klar auseinandergesetzt ließ, besonders wo es sich um die gewinkelten Körper und die Erdschichten handelt, beschloß ich, gewissermaßen als Heilmittel gegen dieses Übel die folgenden, aus vielen anderen ausgewählten Figuren hier anzufügen.

Die dreizehn ersten Figuren, die zur Erklärung des Bergkristalls bestimmt sind, lassen sich auf zwei Klassen zurückführen.

Die erste Klasse umfaßt sieben verschiedene Darstellungen der Ebene, in der die Kristallachse liegt. Bei Fig. 1, 2 und 3 bilden die Achsen der Teile, aus denen der Kristallkörper zusammengesetzt ist, eine gerade Linie, aber die mittlere Säule, die bei Fig. 1 fehlt, ist bei 2 kürzer, bei 3 länger. In Fig. 4 bilden die Achsen der Teile, die den Kristallkörper zusammensetzen, keine gerade Linie. Fig. 5 und 6 gehören zu der Art, von der ich unzählige anführen könnte zum Beweise dafür, daß sich bei der Achsenebene sowohl die Zahl als auch die Länge der Seiten verschieden abändern bei unveränderten Winkeln, daß ferner mitten im Bergkristall selbst verschiedene Hohlräume zurückbleiben und verschiedene Lamellen entstehen. Fig. 7 zeigt an, wie bei der Achsenebene aus der auf den Pyramidenflächen neu aufgelagerten Kristallmaterie Zahl und Länge der Seiten auf verschiedene Art bald vermehrt, bald vermindert werden.

Die zweite Klasse enthält sechs verschiedene Basisebenen. Bei Fig. 8, 9, 10 und 11 zählt man nur sechs Seiten, jedoch mit dem Unterschied, daß bei Fig. 8 alle Seiten gleich sind, bei Fig. 9 und 11 nur die gegenüberliegenden Seiten und bei Fig. 10 beliebige gegenüberliegende Seiten ungleich sind. Bei Fig. 12 wird die Basisebene, die ein Sechseck sein sollte, von zwölf Seiten gebildet. Fig. 13 zeigt, wie sich bei Anlagerung neuer Kristallmaterie auf den Pyramidenflächen bei der Basisebene manchmal die Länge der Seiten und ihre Zahl ändert, während die Winkel gleich bleiben.

Die sechs folgenden Figuren erklären zwei verschiedene Arten von gewinkeltem Eisenglanz. Die Fig. 14, 15 und 16 dienen zur Erläuterung desjenigen Eisenglanzes, der aus zwölf Ebenen besteht; Fig. 14 zeigt alle zwölf Ebenen aufgerollt in eine Ebene, wovon sechs dreieckig und glatt sind, die übrigen sechs fünfeckig und gestreift[49]. Fig. 15 ist die Basisebene desselben Körpers und Fig. 16 seine Achsenebene.

Die Fig. 17, 18 und 19 dienen zur Erklärung desjenigen gewinkelten Eisenglanzes, der aus dreißig Ebenen besteht, und zwar zeigt Fig. 17 alle diese dreißig Ebenen ausgebreitet in eine Ebene; sechs Ebenen davon sind fünfeckig und glatt, zwölf dreieckig und ebenfalls glatt, sechs dreieckig und gestreift und sechs länglich-viereckig und glatt[50]. Fig. 18 ist die Basisebene desselben Körpers, Fig. 19 seine Achsenebene.

Die sechs letzten Figuren zeigen, wie wir aus der gegenwärtigen Faziesbildung Toskanas auf die sechs unterschiedenen Faziesbildungen Toskanas schließen und dienen zugleich dazu, das leichter zu verstehen, was wir über die Erdschichten sagten. Die punktierten Linien stellen die Sandschichten der Erde dar, so benannt nach ihrem Hauptbestandteil, wenn ihnen auch verschiedene tonige und felsige Schichten eingemengt sein mögen; die übrigen Linien stellen Steinschichten dar, die ebenfalls von ihrem Hauptbestandteil so benannt sind, aber manchmal andere Schichten aus weicherer Substanz einschließen. In der eigentlichen *Dissertation* habe ich die Buchstaben der Figuren erklärt und die Ordnung, in der die Figuren aufeinanderfolgen; hier will ich kurz die Ordnung der Änderungen anführen. Fig. 25 zeigt die horizontale Ebene Toskanas in der Zeit, in der die Steinschichten noch unversehrt und dem Horizont parallel waren, Fig. 24 ungeheure Hohlräume, die entweder durch die Gewalt von Feuer oder Wasser ausgehöhlt wurden, während die oberen Schichten unberührt blieben. Fig. 23 zeigt die durch den Zusammenbruch der obersten Schichten entstandenen Berge und Täler, Fig. 22 die Erzeugung neuer Schichten in den besagten Tälern durch das Meer. Bei Fig. 21 ist von den neuen Schichten ein Teil der unteren zerstört, die oberen sind unberührt, und bei Fig. 20 sind die durch den Zusammenbruch der oberen Sandschichten entstandenen Hügel und Täler sichtbar.

Anmerkungen.

1) Steno sagt canis marinus, gemeint sind aber Haifischarten, weshalb canis immer mit Hai übersetzt wird. An Seehund ist nicht zu denken.

2) Im Text diluvium universale, das ist die biblische Sintflut.

3) Als Glossopetra (= Steinzunge oder Zungenstein) wurden schon von Agricola fossile Haifischzähne beschrieben; während sie Agricola und andere Autoren für anorganische „verhärtete Wassergemenge" hielten, erklärten sie andere Forscher für Schlangenzungen. Fabio Colonna suchte 1616 zu beweisen, daß es sich um Haifischzähne handelt (Osservazioni sugli animali aquatici e terrentri; Dissertatio de Glossopetris, gedruckt Rom 1747). Glossopetrae Melitenses heißt maltesische Glossopetren.

4) Die offenen Wege dachte sich Steno erfüllt von dem inneren Fluidum, einer unserem Weltäther ähnlichen unfühlbaren Substanz, auf deren Vorhandensein man nur indirekt schließen kann.

5) Im Text determinatio, d. h. Bestimmtheit, Richtung.

6) Steno schreibt 1) bis 3), der Deutlichkeit halber ist a) bis c) gesetzt. *(Im vorliegenden Nachdruck wurde die ursprüngliche Numerierung wiederhergestellt. — E. F.)*

7) Das ist jenes in Anm. 4) erwähnte, dem Äther vergleichbare Fluidum.

8) Im Text atomos, das sind natürlich nicht unsere chemischen Atome, sondern kleinste Teilchen beliebiger Körper, die aber unveränderlich sind.

9) Veränderlich im Gegensatz zu den eben erwähnten unveränderlichen Atomen.

10) Das in Anm. 4) und 7) erwähnte, alles durchdringende Fluidum, das Steno „fluidum penetrans" nennt.

11) Der Sinn ist, wie aus S. 31 *(in der vorliegenden Ausgabe S. 38 – E. F.)* hervorgeht: Die Oberfläche des zuerst vorhandenen Körpers zeigt die physikalischen Eigenschaften der Oberfläche des später gebildeten Körpers; wenn z. B. auf einem älteren harten Körper ein weicherer niedergeschlagen wird, erscheint die Oberfläche des harten Körpers ebenfalls weich, nicht umgekehrt, so daß immer der ältere auf seiner Oberfläche die Eigenschaften des jüngeren ausdrückt.

12) Gemeint ist Bergkristall (Quarz); vgl. Anm. 24.

13) Selenites ist Kalzit; vgl. Anm. 41.

14) Gemeint ist Pyrit; vgl. Anm. 40.

15) Die ringsum ausgebildeten Pyrite müssen nach Steno älter sein als die sie umgebenden Sedimente; in diesen Sedimenten entstanden Risse, die dann sekundär mit Marmor usw. ausgefüllt wurden, weshalb die Substanz von Gängen und Adern mit Recht für jünger als das Nebengestein gehalten wird.

16) Im Text steht 1) bis 4) statt a) bis d). *(Die ursprüngliche Numerierung wurde wiederhergestellt. – E. F.)*

17) Bei der Lektüre der Schrift ergibt sich ohne weiteres, wie Steno zu dieser für seine Zeit äußerst scharfsinnigen Ansicht kam.

18) Im Text „angulata corpora", d. h. mit Winkeln oder Ecken versehene Körper; es sind Kristalle in unserem modernen, allgemeinen Sinn. In der Übersetzung wird zur Vermeidung von Verwechslungen stets der Ausdruck „kristallisierte Körper" gebraucht. *(In vorliegender Ausgabe „gewinkelte Körper". – E. F.)*

19) Als Adlerstein (Aetites) wurden namentlich Ton- und Limonitkonkretionen bezeichnet, die in ihrem hohlen Innern einen Körper eingeschlossen enthalten und daher beim Schütteln klappern. Man glaubte, daß sie der Adler in sein Nest bringt, weil sie das Eierlegen (und auch das Gebären) erleichtern sollten.

20) Hier hat Steno offenbar diejenigen Gesteine im Auge, die das sogenannte Grundgebirge der neueren Geologen zusammensetzen, also vor allem Gneis und andere kristallinische Schiefer; auch er hält diese Bildungen für die ältesten der Erdoberfläche.

21) Im Mittelalter nahm man ganz allgemein an, daß Steine im Wasser entstehen; Steno denkt wohl an die Kalksinter bildenden Thermen, die er in Italien vielfach beobachten konnte.

22) Steno denkt merkwürdigerweise nicht an ein Durchsickern des Wassers durch Gestein, sondern glaubt, daß das Wasser der Tropfsteingrotten aus Wasserdampf verdichtet ist.

23) Das ist in nuce die Lateralsekretionstheorie des 19. Jahrhunderts.

24) Steno sagt crystallus und meint damit ausschließlich den Bergkristall; in der Übersetzung ist auch Bergkristall geschrieben; nur sehr selten sagt Steno cristallus montium. Kristall in unserem allgemeinen Sinn gibt Steno mit „corpus angulatum", die Übersetzung mit „kristallisierter Körper". *(In vorliegender Ausgabe „gewinkelter Körper". — E. F.)*

25) Eine Zusammensetzung der Kristalle aus kleinsten, dem Kristall ähnlichen oder gleichen Teilchen wurde damals schon angenommen und theoretisch begründet; klar ausgesprochen ist diese Ansicht zuerst bei Domenico Guglielmini, Riflessioni filosofiche dedotte dalle figuri de' sali, Bologna 1688.

26) „Angulos solidos extremos"; solidus heißt fest, d. i. konstant, unveränderlich, wie sich namentlich aus der Erklärung der Figuren (S. 63; *in der vorliegenden Ausgabe S. 85 — E. F.)* klar ergibt. Es ist der Winkel von ($10\bar{1}1$) nach ($\bar{1}011$). *(Diese Übersetzung von „solidus" ist falsch; ebenso die — wohl auf diese Übersetzung zurückgehende — Interpretation als von Stensen entdecktes Gesetz der Winkelkonstanz; vgl. Fußnote 11 zum*

Vorwort des Herausgebers. – „Angelus solidus extremus" wurde in vorliegender Ausgabe als „äußerer Körperwinkel" wiedergegeben. – E. F.)

27) Als Fels (saxum) bezeichnet Steno die nicht durch Sedimentation aus Wasser gebildeten Gesteine, in denen sich Kristalldrusen befinden.

28) Materia crystallina, d. i. die Materie, aus welcher der Bergkristall besteht, die „Kristallmaterie".

29) Wie diese Auflösung gemeint ist, zeigt Fig. 6 der Tafel.

30) Gemeint ist der Rezipient einer Luftpumpe.

31) Seit dem Altertum war die Ansicht verbreitet, daß der Bergkristall durch die größte Kälte aus Eis entsteht.

32) Steno hält irrtümlich Glas und Bergkristall für identische oder doch chemisch sehr nahe verwandte Körper.

33) Steno sagt „ferri corpus" = Eisenkörper oder nur „ferrum" = Eisen; die Übersetzung sagt stets Eisenglanz, der unter Eisenkörper und Eisen zu verstehen ist.

34) Steno sagt bald genera = Gattungen, bald species = Arten, was immer wörtlich übersetzt ist; in Wirklichkeit sind nur verschiedene Typen der Ausbildung gemeint.

35) Materia ferrea, die Eisenglanzmaterie.

36) Hier heißt es ausdrücklich Materie des Bergkristalls (materia cristalli) und Materie des Eisenglanzes (materia ferri).

37) Dieser Vergleich ist etwas schief und drängte sich Steno wohl auf, als er die in eine Ebene aufgerollten Zeichnungen mit den ebenfalls in eine Ebene aufgerollten Würfelflächen verglich.

38) Im Text „congeries" = Menge, Anhäufung; gemeint sind zweifellos die Elbaner Drusen.

39) Die indischen Diamanten kommen vielfach in Sandstein eingewachsen vor; wenn man die an der Oberfläche sichtbaren Diamanten gewonnen hat und den Sandstein lie-

gen läßt, verwittert er im Lauf der Jahre, wodurch neue Diamanten sichtbar werden. Die Inder glauben deshalb, daß der Diamant nachwächst. Der erwähnte Schriftsteller ist wohl Jean Baptiste Tavernier (1605 bis 1689), dessen „Les six voyages de J. B. Tavernier en Turquie, en Perse et aux Indes“ allerdings erst 1676 in Paris erschienen.

40) Im Text marcasita, worunter durchwegs Pyrit zu verstehen ist; Steno gebraucht den Plural, in der Übersetzung ist der Singular gesetzt.

41) Darunter ist sehr wahrscheinlich Kalzit zu verstehen bzw. seine Spaltungsstücke, dann auch Dolomit.

42) Das ist Gips; Steno hält dessen Wasser für mechanisch eingeschlossen.

43) Im Text steht wieder 1) 2) statt a) b). *(Die ursprüngliche Numerierung wurde wiederhergestellt. – E. F.)*

44) So dachte sich Steno die Entstehung der fossilen Kohlen.

45) An ein späteres Hindurchdringen der Wurzeln durch das Gestein denkt Steno nicht.

46) Vgl. dazu Fig. 20 bis 25 der Tafel. *(Siehe Original; in der deutschen Ausgabe von 1923 scheint die Tafel generell zu fehlen. – E. F.)*

47) Im Text facies, wiedergegeben durch Faziesbildung.

48) Im Text folgt nun die Druckerlaubnis, da die Schrift nichts enthält, was den guten Sitten und dem katholischen Glauben widerspricht.

49) Es ist die Kombination des Rhomboeders (100) (gestreifte Fünfecke) mit (211) (glatte Dreiecke).

50) Die Fünfecke sind die Flächen von (100), die gestreiften Dreiecke die von (211); die 12 glatten Dreiecke gehören der Pyramide ($31\bar{1}$) an und die kleinen Rechtecke sind die Flächen des (211) abstumpfenden Rhomboeders (332).

NICOLAUS STENONIS
Versuch einer Annäherung

von
Eginhard Fabian

Bewunderung und Distanz

„... alles, was Mons. Stenon in der Naturkunde geleistet hat, ist ausgezeichnet; aber die Abhandlung De solido intra solidum verdient in der Tat besondere Aufmerksamkeit.“[1]

Diese Briefstelle aus der Korrespondenz des Philosophen und Mathematikers Gottfried Wilhelm Leibniz (1646–1716) drückt Bewunderung für den acht Jahre älteren Dänen Niels Stensen, den angesehenen Anatomen und Naturforscher, den Bischof und Apostolischen Vikar Nicolaus Stenonis[2] aus; eine Bewunderung, die das Flair persönlicher Begegnung trägt.

Die bedeutenden Leistungen Nicolai Stenonis auf anatomischem und physiologischem Gebiet sind darin ebenso eingeschlossen wie seine Beiträge zur Erkenntnis der Fossilien, der Minerale und der Geschichte der Erde. In seiner *„Protogaea“*[3] wird Leibniz an Nicolai Stenonis Beobachtungen und Einsichten in *„De solido intra solidum“*[4] anknüpfen.

Genau bedacht, drückt Leibniz' Urteil nicht nur Bewunderung und Wertschätzung, sondern gleichermaßen – nicht so offen vielleicht in dieser Briefstelle – Distanz, Ein- und Ab-

1. Brief G. W. Leibniz' an C. Philip vom 21. 3. 1681. In: Leibniz, G. W.: Sämtliche Schriften, Abt. I, Bd. 1. – Leipzig, Darmstadt: O. Reichl 1923, S. 518.

2. Niels Stensen nennt sich in Briefen und Schriften stets latinisiert Nicolaus Stenonis, italienisch Nicolò Stenone. Englisch, deutsch und dänisch sind Steno und französisch und russisch Stenon gebräuchliche Schreibweisen. Lateinisch kommt gelegentlich auch Stenonius vor, beispielsweise auf dem Porträt in der Galleria degli Uffizi in Florenz. Doch ist das wohl ein Mißverständnis des lateinischen Genitivs, denn „Nicolaus Stenonis“ ist als Verkürzung von „Nicolaus filius Stenonis“ – „Niels Sohn des Sten“ – zu lesen. Entsprechend Stensens Gepflogenheit wird in diesem Band Nicolaus in den lateinischen Fällen dekliniert, während Stenonis unverändert bleibt.

3. Leibniz, G. W.: Protogaea, sive de prima facie telluris et antiquissimae historiae vestigiis, in ipsis naturae monumentis dissertatio, ex schedis manuser in lucem edit. a C. L. Scheidio. – Göttingen: MDCCXLVIII. Auszugsweise bereits in Acta eruditorum. – Lipsiae MDCXCIII, S. 40–50.

4. Die Kurzform „De solido intra solidum“ wird bereits von den Zeitgenossen Nicolai Stenonis gebraucht.

grenzung aus. Was Nicolaus Stenonis über nicht-naturwissenschaftliche Dinge geschrieben hat, scheint Leibniz auszuschließen. Dieser Teil des Werkes Nicolai Stenonis, seine Schriften über theologische Fragen, ist nicht weniger umfangreich als jener über anatomische und naturwissenschaftliche Gegenstände.[5]

In der Tat grenzt Leibniz aus. Er kann die Konversion Nicolai Stenonis zum Katholizismus nicht verstehen und vor allem nicht die Abkehr von der Naturforschung und die völlige Hinwendung zur katholischen Seelsorge in den späteren Jahren.[6] Wie Leibniz interessiert uns der Naturforscher und insbesondere seine Abhandlung „*De solido intra solidum*".

Um uns Nicolaum Stenonis und seine Schrift zu eigen zu machen, genügt ein Blick auf seine naturwissenschaftlichen Entdeckungen nicht. Die Achtung vor seinen Beiträgen zur Naturwissenschaft gebietet behutsame und verständige Annäherung an Nicolai Stenonis widersprüchliches Leben und Wirken; verlangt, seine aus seiner Zeit herausragenden Leistungen aus seinem Lebenswiderspruch und aus eben seiner Zeit zu begreifen zu suchen.

Herkunft, Kindheit, Jugend

Nach dem Julianischen Kalender am Neujahrstag (11. Januar)[7] des Jahres 1638 wird Niels Stensen als Sohn des Sten

5. G. Scherz gibt 11 naturwissenschaftliche und 13 theologische zu Nicolai Stenonis Lebzeiten publizierte Schriften an. Vgl. Scherz, G.: Niels Stensen. Denker und Forscher im Barock. – Stuttgart: Wissenschaftliche Verlagsgesellschaft 1964, S. 253—255.

6. G. W. Leibniz äußert sich in seiner Korrespondenz darüber verschiedentlich, beispielsweise in einem Brief an H. Conring vom 13. 1. 1678. In: Leibniz, G. W.: Sämtliche Schriften und Briefe, Abt. I, Bd. 1. – A.a.O., S. 385.

7. Der 1582 von Papst Gregor XIII. in den katholischen Ländern eingeführte und nach ihm benannte Kalender wurde in den protestantischen Ländern erst später angenommen, so in Dänemark und Deutschland 1700. Bei Daten nach dem Julianischen Kalender sind in () die Daten nach dem Gregorianischen Kalender angegeben.

Pedersen (gest. 1644) und dessen Ehefrau Anne Nielsdatter (gest. 1664) in Kopenhagen geboren.

Seit 1443 Residenzstadt Dänemarks, das im 17. Jahrhundert durch drei Kriege mit Schweden seine Vormacht im Ostseeraum verliert, zählt Kopenhagen nicht mehr als 25 000 Einwohner. Von einstiger politischer und wirtschaftlicher Macht zeugen neben den alten Kirchen und schönen Bürgerhäusern die Backsteinbauten der holländischen Renaissance, die König Christian IV. (1588–1648) aufführen läßt: Schloß Rosenborg und die Börse. Die schwedische Bedrohung freilich gibt der Befestigung der Stadt den Vorrang.

In Dänemark herrscht ein starrer orthodoxer Protestantismus. Religiöse Unduldsamkeit fördert vor allem der einflußreiche Bischof von Seeland Jesper Rassmussen Brodemand (1585–1652), mehr noch sein Nachfolger Bischof Johann Wandal (1656–1710), der die Verweigerung freier Religionsausübung zur vornehmsten Königspflicht erklärt. Väterlicherseits entstammt Niels Stensen einer alten Pastorenfamilie, die sich bis in die Zeit der Reformation in Dänemark zurückverfolgen läßt.[8] Niels Stensen wird in streng protestantischem Glauben erzogen.

Der Vater ist nicht Pfarrer. Er ist ein angesehener Goldschmied, der vornehmlich für den königlichen Hof arbeitet und nebenher einen Weinschank betreibt. Nach seinem frühen Tode heiratet die Mutter den Goldschmied Peter Lesle (gest. 1647) und schließlich den Goldschmied Johann Stichman (gest. 1663). So schafft die Mutter Niels Stensen und seiner jüngeren Schwester Anne eine halbwegs sorgenfreie Kindheit, denn allzuoft bleibt der Hof seine Zahlungen schuldig. Dem jungen Niels Stensen mag die väterliche Goldschmiede

8. Vgl. Scherz, G. (Hrsg.): Nicolai Stenonis Epistolae et Epistolae ad eum datae, Tomus prior et Tomus posterior. – Hafniae: Nyt Nordisk Forlag Arnold Busck, Friburgi: Verlag Herder MCMLII (im folgenden: Epistolae), S. 898–906.

in der Klareboderne in Kopenhagen zu einer frühen Quelle für Kenntnisse über Säuren, Salze und Minerale, über Metalle und ihre kunstvolle handwerkliche Verarbeitung geworden sein.

In der Liebfrauenschule wird Niels Stensen zu Frömmigkeit und gleichermaßen zu Aufgeschlossenheit für den Humanismus und die neue Naturwissenschaft angehalten. Beides schließt einander nicht aus. Auf die Wissenschaften haben politischer Machtverfall und religiöse Unduldsamkeit wenig Einfluß. Namhafte Gelehrte wirken in Kopenhagen; die bedeutendsten von ihnen werden Niels Stensens Lehrer.

Der Rektor der Liebfrauenschule, der Humanist und Mathematiker Jørgen Eijlersen (1616–1686) und der Polyhistor und Naturforscher Oluf (Ole) Borch (1626–1690), wie auch Niels Stensens väterlicher Freund Simon Paulli (1603–1680) wecken in ihm die Liebe zur Wissenschaft.

Überschattet wird Niels Stensens Lateinschulzeit durch die Pest. Besonders schwer sucht sie 1654 Kopenhagen heim; 246 seiner Mitschüler finden den Tod.

Am 27. November (7. Dezember) 1656 wird Niels Stensen an der 1479 gegründeten Universität seiner Vaterstadt inskribiert. Er will Arzt werden; das bescheidene Erbe seines Vaters ermöglicht ihm das Studium der Medizin. Arzt ist ein seltener Beruf in Dänemark. Das ganze Land zählt, von denen bei Hofe und den Professoren abgesehen, nicht mehr als zwanzig bis dreißig Ärzte.[9]

Niels Stensen studiert Anatomie bei Thomas Berthelsen (1616–1680), der sich latinisiert Bartholin(us) nennt; Chemie bei Oluf Borch; Botanik bei Simon Paulli. Thomas Bartholin, den herausragenden Vertreter einer bedeutenden dänischen

9. Vgl. Scherz, G.: Niels Stensen. Denker und Forscher im Barock. – A.a.O., S. 23.

Gelehrtenfamilie, wählt Niels Stensen zum Präzeptor seiner Studien. Ihn bewundert er am meisten, ihn, der sich zur neuen Medizin bekennt und selbst durch wichtige Entdeckungen zu ihrem Fortschritt beiträgt. Vor allem dessen medizinische Abhandlungen studiert Niels Stensen eifrig, denn anatomische Demonstrationen gibt es kaum. Ihm fühlt sich Niels Stensen menschlich und wissenschaftlich tief verbunden. Durch Thomas Bartholin bleiben uns einige Schriften Niels Stensens aus den späteren Jahren erhalten.[10]

Die Zeiten sind geruhsamen Studien nicht günstig; Not und Elend herrschen in Dänemark. Kaum ist die Pest abgeklungen, überrennt das Heer des Schwedenkönigs Karl X. Gustaf (1654–1660) das Land und erzwingt 1658 den Frieden von Roskilde, der nicht von Dauer ist. Während der Belagerung Kopenhagens stehen in der Sturmnacht vom 10. zum 11. (20. zum 21.) Februar 1659 auch Professoren und Studenten auf den Wällen der Stadt. Oluf Borch und Stiefvater Johann Stichman sind unter ihnen; ob Niels Stensen ebenfalls, wissen wir nicht genau. Denkbar ist es schon.

Das CHAOS-Manuskript

Aus dieser Zeit stammt ein Manuskript von Niels Stensens Hand, begonnen am 9. (19.) März 1659. Gemeinsam mit einer Abschrift von „*De solido intra solidum*", die Vincenzo Viviani (1622–1703) für die Drucklegung angefertigt hat, und mit anderen Handschriften Niels Stensens wird es in der Biblioteca Nazionale in Florenz aufbewahrt.[11]

10. Th. Bartholin publizierte einige kleinere anatomische Schriften Nicolai Stenonis in Acta Medica & Philosophica Hafniensia. – Hafniae (Vgl. Fußnote 91).

11. Auszüge aus dem CHAOS-Manuskript sind publiziert in Epistolae, S. 907–921.

Unter der Überschrift „CHAOS" gibt es auf neunzig engbeschriebenen Seiten durch Exzerpte aus Büchern, Aufzeichnungen über Gespräche, Notizen zu Experimenten, philosophische Sentenzen und religiöse Betrachtungen einzigartigen Aufschluß über die Interessen des Studenten Niels Stensen; über sein Denken und Fühlen in jener unruhigen Zeit.

Des französischen königlichen Arztes Pierre Borel (1620—1689) *„Historiarum et observationum medico-physicarum centuriae IV."*[12] und des gelehrten Jesuiten Athanasius Kircher (1610—1680) *„Magnes sive de artes magnetica"*[13] exzerpiert Niels Stensen systematisch.

Niels Stensen macht sich mit der neuen Astronomie vertraut; er liest Nicolaus Copernicus (1473—1543), Tycho Brahe (1546—1601), Johannes Kepler (1571—1630) und den *„Sidereus Nuncius"*[14] von Galileo Galilei (1564—1642).

Neben Aufzeichnungen über medizinische Fragen stehen Notizen zu chemischen und optischen Experimenten; Mikroskop und Teleskop, diese neuen wissenschaftlichen Instrumente interessieren Niels Stensen sehr.

Er macht sich Gedanken über die sechsstrahligen Figuren der Schneesterne und zeichnet sie.[15] Ob er Johannes Keplers *„Strena seu de niue sexangula"*[16] kennt, ist nicht ganz gewiß. Doch im Winter von 1659 auf 1660 gilt die Aufmerksamkeit der Brüder Thomas und Erasmus Bartholin (1625—1698) besonders dem Schnee; möglicherweise hat Niels Stensen an den Experimenten teil. Jedenfalls veröffentlicht Thomas

12. Borel, P.: Historiarum et observationum medico-physicarum centuriae IV. — Parisii MDCLVI.

13. Kircher, A.: Magnes sive de arte magnetica opus tripartitum. — Amsterdami MDCXLVI.

14. Galilei, G.: Sidereus Nuncius, magna longeque admirabilia spectacula pandens, suspiciendaque proponens ... Venetiis MDCX.

15. Epistolae, S. 910.

16. Kepler, J.: Strena seu De Niue Sexangula. — Francoforti ad Moenum MDCXI.

Bartholin 1661 seine Schrift *„De nivis usu medico"*, zu der Bruder Erasmus die Abhandlung *„De figura nivis"* beisteuert.[17]

Neben naturwissenschaftlichen Problemen bewegen Niels Stensen religiöse und philosophische Fragen. Besonders angetan hat es ihm der Münchner Jesuitenprediger Jeremias Drexel (1581–1639), dessen *„Josephus Aegypti prorex descriptus"*[18] er gründlich betrachtet und exzerpiert. In der Auseinandersetzung mit der neuen Naturwissenschaft, mit Philosophie und Religion formt sich Niels Stensens Weltbild. Er bekennt sich zu Galileo Galilei, den er auch späterhin nicht verleugnet. Mit Francis Bacons (1561–1626) Schriften befaßt er sich gleichermaßen wie mit denen René Descartes' (1596–1650). Dessen *„Discours de la mèthode"*[19] begeistert ihn. Die Methode René Descartes' will er sich zu eigen machen: *„In naturwissenschaftlichen Dingen tut man gut, sich an keine festgelegte Theorie zu binden, sondern alle Beobachtungen in bestimmte Klassen zu ordnen und auf eigene Faust ein Resultat zu erzielen suchen."*[20] Und: *„In der Naturwissenschaft wissen wir nichts anderes als die Experimente und Beobachtungen, und was man aus ihnen vermittelst metaphysischer und mechanischer Prinzipien ableiten kann."*[21]

Zum Cartesianer wird Niels Stensen freilich nicht; den biologischen Auffassungen René Descartes', insonderheit in *„Les passions de l'âme"*[22], entgegnet er mit kühl-kritischer Distanz.

17. Bartholin, Th.: De nivis uso medico; Bartholin, E.: De figura nivis. – Hafniae MDCLXI; vgl. Marx, C. M.: Geschichte der Crystallkunde. – Carlsruhe, Baden: D. R. Marx'sche Buchhandlung 1825, S. 44.

18. Drexel, J.: Josephus Aegypti prorex descriptus et morali doctrina illustratus. – Antverpiae MDCXLI.

19. Descartes, R.: Discours de la méthode pour bien conduire sa raison chercher la verité dans les sciences ... – Leyden MDCXXXVII.

20. Epistolae, S. 911. Deutsch zitiert nach Scherz, G.: Niels Stensen. Ein Bildbuch. – Leipzig: St. Benno-Verlag 1965, S. 10.

21. Epistolae, S. 921. Deutsch zitiert nach Scherz, G.: Niels Stensen. Ein Bildbuch. – A.a.O., S. 10.

22. Descartes, R.: Les passions de l'âme. – Paris MDCXLIX.

Niels Stensens Weltsicht bewegt sich im Widerspruch von Erkennen und Glauben. Er hält es für Sünde wider Gott, sich mit dem Lesen von Büchern zu begnügen, statt die Natur selbst zu betrachten. Mancherlei ausgedachte Behauptungen sind ihm Verschwendung von Zeit, die man besser zum Wohl des Nächsten verwenden könnte. Er betet um die Kraft, sich eines überhasteten Urteils über Dinge zu enthalten, die ihm nicht oder nur wenig bekannt sind. Er nimmt sich vor, im Urteil über Menschen duld- und einfühlsam zu sein. Diese streng wissenschaftliche wie demütig religiöse Haltung bleibt charakteristisch für Niels Stensen.

Studien in Amsterdam und Leiden

Sein weiterer Bildungsweg führt Niels Stensen über Rostock in die Niederlande. Über seinen Aufenthalt in Rostock wissen wir lediglich, daß er den Stadtphysikus und Professor der Medizin Johann Backmeister (1624—1686) aufgesucht hat; diesem sicherlich empfohlen durch Simon Paulli. Anfang 1660 trifft Niels Stensen in Amsterdam ein.

Daß Niels Stensens Wahl auf die Niederlande fällt, ist gewiß kein Zufall. Die republikanischen Generalstaaten sind das fortgeschrittenste Land der Welt. Nach dem Sieg der frühbürgerlichen Revolution prosperieren Handwerk, Manufaktur und Handel, vor allem auch der nach Übersee; die niederländische Seemacht hat nicht ihresgleichen.

Architektur, Malerei und Literatur erleben ihr „Goldenes Jahrhundert". Neben Jacob van Campen (1595—1657), dem Baumeister des Amsterdamer Rathauses; neben den Malern Frans Hals (1580—1666), Rembrandt Harmensz van Rijn (1606—1669) und Jan Vermeer van Delft (1632—1675) und neben den Dichtern Joost van Vondel (1587—1679) und Constantijn Huygens (1596—1687) ließen sich viele weitere Namen nennen.

Die Wissenschaften stehen den Künsten nicht nach. Das Bürgertum braucht die Wissenschaften, die sich mehr und mehr der Bevormundung durch die Theologie zu entziehen suchen, und fördert sie. In den Niederlanden werden Teleskop und Mikroskop erfunden; Antonie van Leeuwenhoek (1632—1723) war Kaufmann, bevor er sich dem Bau von Mikroskopen zuwendet und mit dem neuen Instrument eine neue Welt zu erforschen beginnt. Die berühmten „*Discorsi*"[23], von Galileo Galilei im florentinischen Arrest geschrieben, werden 1638 in den protestantischen Niederlanden gedruckt.

René Descartes findet hier Zuflucht vor politischer Verfolgung, wenigstens zeitweilig, bis protestantische Theologen 1643 das Verbot seiner Lehre erreichen und ihm Leben und Lehre unerträglich machen. In Rijnsburg nahe Leiden lehrt Baruch Spinoza (1632—1677), wenngleich ihn die Rabbiner 1656 mit dem großen Bann belegen und aus der jüdischen Gemeinde vertreiben.

Der Jurist und Staatsmann Huigh de Groot oder Grotius (1583—1645) legt mit seinem Hauptwerk „*De jure belli ac pacis*"[24] 1625 den Grund für das bürgerliche Völkerrecht; Christian Huygens (1629—1695), Sohn des Dichters Constantijn Huygens, Mathematiker, Physiker und Astronom, veröffentlicht 1659 seine „*Systema Saturnium*"[25]; der nachmals berühmte Biologe Jan Swammerdam (1637—1680) beginnt 1661 sein Studium der Medizin an der Universität Leiden.

Das akademische Leben an der 1632 im Kloster St. Agnes gegründeten Amsterdamer Universität, dem „Athenaeum",

23. Galilei, G.: Discorsi e dimonstrazioni matematiche intorno a due nuove scienze attente alle meccanica e ai movimenti locali. – Leide MDCXXXVIII.

24. Grotius, H.: De jure belli ac pacis libri III. – Parisii MDCXXV.

25. Huygens, C.: Systema Saturnium. – Hagae MDCLIX.

steht freilich noch ganz in den Anfängen. Sechs Professoren lehren an ihr; Prüfungen oder gar Promotionen gibt es nicht.

Dennoch wird Niels Stensen in Amsterdam mit bedeutenden Gelehrten bekannt; mit Jan Amos Komenský, latinisiert Comenius (1592–1670), dem tschechischen Theologen und Pädagogen, und mit dem Chemiker Johann Rudolf Glauber (1604–1670). Niels Stensens Lehrer in Amsterdam, Gerard Blaes oder Blasius (1625–1692), Sohn des Architekten Christians IV. von Dänemark, studierte Medizin in Kopenhagen und Leiden. Seit 1660 außerordentlicher Professor und Stadtarzt in Amsterdam, ist Gerard Blaes mit Thomas Bartholin gut befreundet.

Am 7. April 1660 macht Niels Stensen seine erste große anatomische Entdeckung, die des Ausführungsganges der Ohrspeicheldrüse, der nach ihm *Ductus Stenonianus* genannt wird[26]. Doch Gerard Blaes macht dem Studenten die Entdekkung streitig.

Mit einer Disputation „*De Thermis*“[27] verabschiedet sich Niels Stensen von Amsterdam. Er geht nach Leiden. Von nun an nennt sich der junge Anatom, altem humanistischem Gelehrtenbrauch folgend, latinisiert Nicolaus Stenonis, und er wird so genannt, denn schon ist er in der Gelehrtenwelt kein Unbekannter mehr.[28]

An der Universität Leiden wird Nicolaus Stenonis am 27. Juli 1660 immatrikuliert. Die 1575 gegründete Alma Ma-

26. Franz Sylvius demonstrierte 1661 öffentlich den Ausführungsgang der Ohrspeicheldrüse zum Mund und nannte ihn Ductus Stenonianus.

27. Stenonis, N.: Disputatio physica De Thermis. – Amstelaedami MDCLX.

28. Niels Stensen unterzeichnete die ältesten erhalten gebliebenen lateinisch geschriebenen Briefe an Thomas Bartholin mit Nicolaus Stenonis. Auch Thomas Bartholin redete ihn in seinen Briefen mit Nicolaus Stenonis an. Die Disputation „De Thermis“ (vgl. Fußnote 27) nennt als Autor ebenfalls Nicolaus Stenonis. Das Jahr 1660 ist infolgedessen der früheste nachweisbare Zeitpunkt der latinisierten Namensform (vgl. Fußnote 2).

ter der reichen Tuchmacher-, Weber- und Handelsstadt am Oude Rijn besitzt eine wertvolle Bibliothek und einen guten botanischen Garten. Im Theatrum Anatomicum stehen recht häufig menschliche Leichen für Sektionen zur Verfügung. Die medizinische Fakultät hat vier Professoren; Nicolaus Stenonis studiert bei dem Anatomen und Chirurgen Johannes van Horne (1621—1670) und bei dem Anatomen Franz de la Boe oder Dubois, genannt Sylvius (1614—1672). Hier in Leiden trifft Nicolaus Stenonis auch Kommilitonen aus seiner Kopenhagener Zeit; im Januar 1661 kommt sein Freund und Lehrer Oluf Borch hierher.

Dem jungen Gelehrten gelingen neue schöne Entdeckungen an Drüsen und Drüsenausführungskanälen; er dringt in die Anatomie der Muskeln ein; gewinnt neue Erkenntnisse über deren Struktur und Funktion, die er mechanisch erklärt; erkennt, daß das Herz ein Muskel ist und nicht Sitz der Seele und der angeborenen Wärme. Franz Sylvius führt ihn in die anatomische Hirnforschung ein.

In Amsterdam publiziert Gerard Blaes 1661 seine „*Medicina Generalis*"[29]. Seitdem wird die Kontroverse um den Ductus Stenonianus öffentlich geführt. Nicolaus Stenonis verteidigt sich am 6. und 9. Juni 1661 mit einer Disputation „*De glandulis oris*" unter der Leitung Johannes van Hornes.[30] Lodewijk de Bils (1624—1671) und Anton Deusing (1612—1666), beide sind bekannte Ärzte, ergreifen gegen ihn, sein Leidener Lehrer Franz Sylvius und der Pariser Arzt Jean Pecquet (1622—1674) für ihn Partei. Der Streit zieht sich bis 1663 hin. Mehrere Briefe Nicolai Stenonis an Thomas Bartholin sind aus der Leidener Zeit erhalten; er unterrichtet den Lehrer über die Kontroverse und über seine neuen anatomischen

29. Blasius, G.: Medicina Generalis. — Amstelaedami MDCLXI.

30. Stenonis, N.: Dispvtatio anatomica de glandulis oris & nuper observatis inde prodeuntibus vasis prima et secunda. — Lugduni Batavorum MDCLXI.

Entdeckungen. Thomas Bartholin ermahnt ihn zu Mäßigung und Zurückhaltung.[31]

In diesen Jahren gewinnt sich Nicolaus Stenonis viele Freunde. In Rijnburg lernt er Baruch Spinoza kennen, dessen Lehre ihn angesichts seiner anatomischen Erkenntnisse tief beeindruckt. Dem sechs Jahre Älteren fühlt er sich freundschaftlich verbunden, doch dessen materialistisch-pantheistische Philosophie nimmt er ebensowenig an, wie er René Descartes' Dualismus von Körper und Seele akzeptiert.

In Leiden befreundet er sich mit Jan Swammerdam, mit Reinier de Graaf (1641–1673), der 1668 den Eifollikel entdeckt, und mit Theodor Kerckring (1639–1693), der 1681 auf seine Empfehlung hin toskanischer Resident in Hamburg wird.

Nicolaus Stenonis nutzt die Jahre in Leiden nicht nur zur wissenschaftlichen Arbeit; er nutzt sie auch, um Land und Leute kennenzulernen: Gemeinsam mit Oluf Borch und vier weiteren Freunden unternimmt er von Ende Juli bis Anfang August 1661 eine Ferienwanderung durch die Provinzen Friesland, Drenthe, Overijssel und Gelderland; 1663 im Sommer wandert er durch Belgien und lernt Antwerpen, Brüssel, Gent und Dünkirchen kennen.

Im Herbst 1663 erreicht ihn die Nachricht vom Tode seines Stiefvaters Johan Stichman. Nicolaus Stenonis unterbricht das Studium und die Ausarbeitung seiner ersten größeren anatomischen Abhandlung; er reist in die Heimat. Hier bereitet er die Frucht seiner Leidener Studien, den „*Observationum Anatomicum Specimen*"[32] zum Druck vor, der 1664 in Kopenha-

31. Briefe N. Stenonis an Th. Bartholin vom 22. 4. 1661, 12. 9. 1661, 9. 1. 1662, 21. 5. 1662, 30. 4. 1663 sowie Briefe Th. Bartholins an N. Stenonis vom 20. 5. 1661, 20. 11. 1661, 24. 2. 1662, 15. 8. 1662, 4. 8. 1663. – In: Epistolae. – A.a.O., S. 133–181.

32. Stenonis, N.: De musculis & glandvlis observationvm specimen cum epistolis dvabvs anatomicis. – Hafniae MDCLXIV; mit gleichem Titel auch: Amstelodami MDCLXIV.

gen erscheint. Die Hoffnungen Nicolai Stenonis auf eine Professur indes erfüllen sich nicht. Die Gelehrtenfamilie der Bartholin beherrscht die Professuren an der Kopenhagener Universität.

Als im Juni 1664 auch die Mutter Anne Nielsdatter stirbt, verläßt Nicolaus Stenonis abermals die Vaterstadt.

Im Gelehrtenkreis um Melchisédec Thévenot

Nicolaus Stenonis reist nach Paris, wo er im November 1664 Oluf Borch trifft. Ob ihn Oluf Borch nach Paris gerufen hat, wissen wir nicht. Vielleicht ist der Entschluß, nach Paris zu gehen, noch in der Leidener Zeit gereift, denn auch Jan Swammerdam kommt in die Stadt an der Seine.

Am 4. Dezember 1664 vom Senat der Universität Leiden in absentia zum Doctor medicinae promoviert,[33] ist Nicolaus Stenonis in Paris kein Unbekannter mehr. Jean Pecquet ist längst schon auf den begabten Anatomen aufmerksam geworden; auch Melchisédec Thévenot (1620–1692), der ihn in sein Haus aufnimmt.

Vierzehn Monate bleibt Nicolaus Stenonis in Frankreich, wo drei Jahre zuvor, nach dem Tode des Kardinals Jule Mazarin (1608–1661), Louis XIV. (1638–1715) allein die Regierungsgeschäfte übernahm. Das absolutistische Frankreich steht auf dem Gipfel höfischer Macht- und Prachtentfaltung. Die Mittel dafür schafft Jean Baptiste Colbert (1619–1683), seit 1660 des Sonnenkönigs Oberintendant der Finanzen. Förderung des Exports und Einfuhrbeschränkungen, staatliche Kredite für Manufakturen und der Bau von Verkehrswegen

33. Übersendung des Doktordiploms – In: Epistolae, S. 183.

fördern Gewerbe und Handel, eröffnen zugleich der Entfaltung kapitalistischer Produktionsverhältnisse einen gewissen Raum.

Glanz und Elend, Prunksucht des Adels und zaghaft sich regendes Selbstbewußtsein des Bürgertums geben der Kultur in Frankreich das Gepräge.

Bekannte Künstler und Literaten beherrschen die Szene: Die Dramatiker Pierre Corneille (1606—1684), Jean Racine (1639—1699) und Jean Baptiste Poquelin, genannt Molière (1622—1673), dessen „*Tartuffe*" 1664 im Palais Royal von Paris aufgeführt wird; der Fabeldichter Jean de la Fontaine (1621—1695); der Autor von „*Les Charactères*", Jean de la Bruyère (1645—1696), gehören gleichermaßen dazu, wie der Architekt und Wissenschaftler Claude Perrault (1613—1688), dessen Ostfassade des Louvre bestimmend wird für die französische klassizistische Baukunst; wie die Maler Nicolas Poussin (1593—1665) und Claude Lorrain (1600—1682); wie schließlich der Komponist Jean Baptiste Lully (1632—1687), durch dessen Schaffen sich die Tragédie-lyrique und die Comédie-ballet glanzvoll entfalten.

Auch die Wissenschaften erfahren Förderung und staatliche Unterstützung, sofern sie dem Prestige und den politischen Interessen des Absolutismus dienlich sind.

Bereits 1635 gründete Kardinal Armand Jean du Plessis, Herzog von Richelieu (1585—1642) die Académie française. Sie nimmt sich der Pflege der französischen Sprache als Mittel nationaler Geltung und Politik an. Den Naturwissenschaften widmen sich angesehene Gelehrte: die Mathematiker Gilles Personne de Roberval (1602—1675) und Blaise Pascal (1623—1662); die Astronomen Adrein Azout (1622—1691), Jean Chapelain (1595—1647) und Ismail Bouillard (1605—1694); die Physiker Jacques Rohault (1620—1675) und Edmé Mariotte (1620—1684); der Geodät Jean Picard (1620—1683); der vielseitig begabte Mathematiker, Physiker und Techniker Claude Perrault, der sich vor allem als Architekt und Kunsttheoretiker hervortut.

Aus dem Gelehrtenkreis um den Minoritenpater Marin Mersenne (1588–1648), später um Habert de Montmor (gest. 1679) geht im Streit für und wider den Cartesianismus die private Académie des Mediziners Melchisédec Thévenot hervor. Sie ist die Keimzelle der 1666 unter Protektion Jean Baptiste Colberts gegründeten und staatlich finanzierten Académie Royale des Sciences.

In die Gelehrtengesellschaft Melchisédec Thévenots finden Nicolaus Stenonis und sein Freund Jan Swammerdam Aufnahme. Beide prägen nachhaltig die Diskussionen in diesem Kreis. Aus den Wintermonaten 1664 auf 1665 sind mehrere anatomische Demonstrationen Nicolai Stenonis bezeugt. Das „Journal des sçavans" berichtet über eine solche an der École de Medicine und hebt hervor, *„... daß er das meiste seines Vortrages so handgreiflich macht, daß man sich notwendigerweise überzeugen läßt und sich nur darüber wundert, daß die Sache allen früheren Anatomen entgangen ist."*[34]

In Melchisédec Thévenots Académie hält Nicolaus Stenonis seinen bewunderten *„Discours sur l'anatomie de cerveau"*[35], in dem er sich mit René Descartes' Auffassung auseinandersetzt, die Epiphyse verbinde die sterbliche Körpermaschine mit der unsterblichen Seele. Der Eindruck, den Nicolaus Stenonis hinterläßt, ist so tief, daß seine Kandidatur für die beabsichtigte Académie Royale des Sciences erwogen wird.[36] Doch als sie Ende 1666 offiziell gegründet wird, ist Nicolaus Stenonis schon nicht mehr in Paris.

34. Journal des sçavans vom 23. 3. 1665. Deutsch zitiert nach Scherz, G.: Niels Stensen. Ein Bildbuch. – A. a. O., S. 16.

35. N. Stenonis Abhandlung über die Anatomie des Gehirns wurde erst 1669 gedruckt: Stenonis, N.: Discovrs svr l'Anatomie dv Cerveav. – Paris MDCLXIX.

36. Brief J. Chapelains an N. Stenonis vom 31. 3. 1667. – In: Epistolae, S. 190.

Während Jan Swammerdam nach Amsterdam zurückkehrt, wandert Nicolaus Stenonis west- und südwärts; er sieht Saumur, Angers, Bordeaux, Montpellier und Lyon.

In Montpellier, an der berühmten medizinischen Fakultät der 1289 gegründeten Universität, begegnet Nicolaus Stenonis dem englischen Arzt William Croone (1633–1684), durch den er später brieflichen Kontakt zur Royal Society of London hält.[37] Er trifft auch die Biologen John Ray oder Johannes Rajus (1627–1705) und Martin Lister (1639–1712). Dessen Meinung, die Fossilien seien Naturspiele, und John Rays gegensätzliche Auffassung von ihrer organischen Herkunft könnte Nicolaus Stenonis in Montpellier kennengelernt haben.[38]

Im gelehrten Rom

Anfang 1666 verläßt Nicolaus Stenonis Frankreich und wandert nach Italien. Am 28. Februar trifft er am Winterhof des Großherzogs von Toskana Ferdinando II. de' Medici (1610–1670) in Pisa ein. Er ist Gast im Hause des Hofarztes und Biologen Francesco Redi (1626–1698); ihm ist er von Melchisédec Thévenot empfohlen.

Im Frühjahr 1666 besucht Nicolaus Stenonis Rom. Beeindruckend ist die Hauptstadt der katholischen Welt, dieses Zentrum von Architektur und Kunst. Vor dem Dom S. Pietro gehen die Kolonnaden, geschaffen von Giovanni Lorenzo Bernini (1598–1680), ihrer Vollendung entgegen. Die Kirchen Il Gesù von Giacomo da Vignola (1507–1573), S. Ivo alla Sapienza, S. Carlo alle Quattro Fontana und S. Agnese

37. Vgl.: Scherz, G.: Niels Stensens Briefwechsel. – In: Epistolae, S. 14; Scherz, G.: Niels Stensen. Denker und Forscher im Barock. – A. a. O., S. 55.

38. Montpellier wurde im 17. Jahrhundert von vielen englischen Gelehrten, insonderheit Medizinern, aufgesucht, 1665 nachweislich von M. Lister und J. Ray.

von Francesco Castelli, genannt Borromini (1599–1667) widerspiegeln den Geist der Zeit. Giovanni Lorenzo Berninis Brunnen, die Fontana dei Fiumi, die Fontana del Moro, die Fontana di Trevi, schmücken die Plätze Roms; von ihm stammen Interieurs in S. Pietro, die Scala Regia im Vatikan, die Fassade des Palazzo della Propaganda Fide.

In Rom begegnet Nicolaus Stenonis einflußreichen kirchlichen Würdenträgern und namhaften Gelehrten: dem Kardinal Lodovico Ludovisi (gest. 1687) und dem General der Societas Jesu, Gian Paolo Oliva (1600–1681); dem Polyhistor Honoratus Fabri (1609–1688) und dem Universalgelehrten Athanasius Kircher, beide sind Jesuiten und am Collegium Romanum tätig; dem Mathematiker Michel Angelo Ricci (1619–1682), den Papst Alexander VII. (gest. 1667) zum Consultor des S. Officium macht, Papst Clemens IX. (gest. 1669) mit der Schaffung der Akademie für Altertumsstudien betrauen und Papst Innozenz XI. (gest. 1689) zum Kardinal ernennen wird. Auch dem Biologen Marcello Malpighi (1628–1694) begegnet Nicolaus Stenonis in Rom.

Nicolaus Stenonis bezeugt selbst, mit welcher Toleranz in Glaubensfragen ihm katholische Würdenträger und Gelehrte begegnen.[39] Gewiß aber vergessen die Jesuiten über gelehrten Disputen die Mission ihres Ordens nicht.

Seit dem Tridentiner Konzil 1545 bis 1563 ist die katholische Kirche zu einer großen, alle Lebensbereiche erfassenden Offensive gegen den Protestantismus angetreten. Sie sucht der Reformation durch die Gegenreformation zu entgegnen, zu deren Speerspitze die 1538 durch Ignatus von Loyola (1491–1556) gegründete Societas Jesu wird. Der militärisch straff organisierte Jesuitenorden entsagt nicht dem weltlichen Leben; im Gegenteil, er spinnt seine Fäden überall hin:

39. Vgl. Scherz, G.: Niels Stensen. Ein Bildbuch. – A. a. O., S. 22.

Jesuiten dringen in weltliche und kirchliche Ämter ein; sie gründen Schulen, sie wirken als Diplomaten und Gelehrte. Mit List gewinnen sie Proselyten; sie schrecken vor Drohungen und Erpressung, selbst vor Mord nicht zurück.

Namhafte Gelehrte gehören dem Orden an; Jesuiten widmen sich der Wissenschaft, um sie gegen Häresie zu nutzen, um, offen oder verdeckt, die Wissenschaft gegen jene zu mißbrauchen, die die Wissenschaft dem Glauben entgegenstellen. Jeden, der sich nicht unter ihre Botmäßigkeit zwingen läßt, liefern sie dem S. Officium, der Heiligen Kongregation der römischen und katholischen Inquisition aus. Jesuiten führen den „*Index librorum prohibitorum*", das Verzeichnis der verbotenen Bücher; die jüngste Ausgabe ist 1665 erschienen.[40]

Sicherlich ist Nicolaus Stenonis, dem der Ruf umfassender Gelehrsamkeit und tiefer Religiosität vorauseilt, den Jesuiten willkommen. Wenn sie ihn zur Konversion bewegen könnten, wäre dies schon ein Gewinn für die heilige katholische Kirche.

In der Tat werden nicht nur gelehrte Gespräche geführt. Besonders Honoratus Fabri bespricht mit Nicolao Stenonis auch Glaubensfragen. Kardinal Erzbischof Francesco Nerli von Florenz (1636—1708) bezeugt dies 1677 in einem kirchlichen Gutachten.[41] Vorerst haben die Glaubensgespräche keine Weiterungen; man läßt sich Zeit.

An der Accademia del Cimento

Ende Juni 1666 trifft Nicolaus Stenonis, aus der toskanischen Hafen- und Handelsstadt Livorno kommend, in Florenz ein. Die Stadt am Arno wird ihm zur Wahlheimat.

40. Vgl. Grigulevič, J. R.: Ketzer — Hexen — Inquisitoren. Geschichte der Inquisition (13.—20. Jahrhundert), T. 2 — Berlin: Akademie-Verlag 1980, S. 464.

41. Gutachten des Kardinals F. Nerli vom 1. 6. 1677. — In: Epistolae, S. 932—934.

Nicolaum Stenonis zieht die berühmte Accademia del Cimento an, die namhafte Gelehrte zu ihren Mitgliedern zählt. Ihr Motto „*Provando e riprovando*"[42] entspricht ganz dem methodischen Geist Nicolai Stenonis.

Doch bei aller ihm nachgerühmten Bedürfnislosigkeit muß Nicolaus Stenonis sich auch um seinen Lebensunterhalt kümmern. Die Großzügigkeit der Medici ist bekannt; in Frankreich indes hätte er kaum Aussicht auf eine besoldete Anstellung, auch nicht auf eine Leibrente Louis XIV. Und die Gründung der Académie Royale des Sciences lag Anfang 1666, beim Weggang Nicolai Stenonis aus Paris, noch im Ungewissen.

Toskana, im 15. Jahrhundert unter den Medici zu einem führenden Staat in Italien aufgestiegen, hat, von Spanien und Frankreich bedrängt, den Gipfel seiner politischen und wirtschaftlichen Macht längst überschritten. Krieg und die Pest Anfang der 30er Jahre taten ein übriges.

Florenz selbst ist noch immer eine blühende und vor allem eine schöne Stadt. Von einstiger Größe zeugen die gotischen Kirchen S. Croce und S. Maria Novella, der Palazzo Vecchio und der Ponte Vecchio, der den Arno überspannt; die von Filippo Brunelleschi (1377–1446) geschaffene Renaissance-Kuppel des Doms; der Ospedale degli Innocenti und die Kirche S. Lorenzo des gleichen Meisters; der Palazzo Pandolfini, gebaut nach Entwürfen Raffaelo Santis (1483–1520); der von Bartolomeo Ammanti (1511–1592) erweiterte Palazzo Pitti und der Palazzo degli Uffizi von Giorgio Vasari (1511–1574). Unschätzbare Kostbarkeiten bergen Kirchen und Paläste, die Bibliotheken, die Galeria degli Uffizi des Fürsten Leopoldo de' Medici (1617–1675), in der auch ein Porträt Nicolai Stenonis hängen wird, geschaffen von einem unbekannten Maler.

42. „Prüfen und immer wieder prüfen".

Der Großherzog Ferdinando II. de' Medici, wie auch sein Bruder Leopoldo, der 1667 von Papst Clemens IX. zum Kardinal ernannt wird, gelten als musisch begabt und sind an den Wissenschaften höchst interessiert. Zu ihren Lehrern zählen Galileo Galilei, Evangelista Torricelli (1608—1647) und Vincenzo Viviani (1622—1703). Die Medici fördern die Wissenschaften und sind bestrebt, bedeutende Gelehrte an den Florentiner Hof zu binden. Bereits 1628, im Jahre seines Regierungsantritts, läßt Ferdinando II. den Gedanken der platonischen Akademie wiederaufleben; er fördert die 1582 gegründete Accademia della Crusca, die sich der Vereinheitlichung und Pflege der italienischen Sprache annimmt. Nicolaus Stenonis wird 1666 Mitglied der Sprachakademie.[43]

Auch die Medici können sich der Allgewalt des S. Officium nicht entziehen. Ferdinando II. gibt 1632 dem Drängen des Papstes Urban VIII. (gest. 1644) nach und läßt Galileo Galilei durch den florentinischen Inquisitor dem S. Officium überstellen. Mögen Ferdinando II. und Leopoldo dem großen Gelehrten auch gewogen sein, seine Verurteilung können sie nicht verhindern. Im Juni 1633 schwört Galileo Galilei ab; die Jahre bis zu seinem Tode 1642 lebt Galileo Galilei unter Aufsicht der Inquisition in Arcati nahe Florenz.

Im Jahre 1657 gründet Leopoldo die Accademia del Cimento, die erste Akademie der Experimentalwissenschaften, die sich im Palazzo Pitti zu versammeln pflegt und über eine reichhaltige Instrumentensammlung verfügt. Nicht sicher ist, ob Nicolaus Stenonis Mitglied der Accademia del Cimento war; in ihren Mitgliederlisten ist er nicht aufgeführt.[44] Auf je-

43. Moreni, D.: Un ruolo degli antichi e moderni accademici della Crusca. In: Lettere di Francesco Redi. — Firenze 1825, S. 193.

44. L. Magalotti, Sekretär der Accademia del Cimento, rechnet mit N. Stenonis Mitgliedschaft. Vgl.: Fabroni, A.: Lettere inedite di uomini illustri, T. I. — Firenze MDCCLXXIII, S. 295—296. Vgl. auch Scherz, G.: Niels Stensens Briefwechsel. In: Epistolae, S. 19.

den Fall aber steht er ihr nahe und beeinflußt gemeinsam mit Vincenzo Viviani entscheidend ihre Tätigkeit, bevor sie sich 1667, als Leopoldo Kardinal wird, auflöst. Umstritten ist, ob Leopoldo die Accademia del Cimento der Gegenreformation opferte. Jedenfalls beschäftigten den Kardinal hinfort vornehmlich theologische Studien.

Obwohl die Accademia del Cimento im Geiste Galileo Galileis wirkte, ist in den 60er Jahren der „Fall Galilei" in Florenz auch den Jesuiten in lebendiger Erinnerung. Die Jesuiten sind allgegenwärtig; sie beherrschen auch die Wissenschaft in Florenz: Der Hofarzt Francesco Redi ist Jesuitenschüler und er ist eng mit dem einflußreichen Jesuiten Paolo Segneri (1624–1694) befreundet. Lorenzo Magalotti (1637–1712), der Sekretär der Accademia del Cimento, ist am römischen Seminar der Jesuiten ausgebildet. Gleiches gilt für andere Gelehrte, denen Nicolaus Stenonis in Florenz begegnet oder mit denen er in Briefwechsel tritt. Eine Ausnahme macht eigentlich nur Vincenzo Viviani, der sich dem Werk Galileo Galileis verpflichtet fühlt; doch auch er ist selbstverständlich ein guter Katholik.

Durch die Fürsprache Vincenzo Vivianis erhält Nicolaus Stenonis vom Großherzog Ferdinando II. günstige Bedingungen für Arbeit und Leben: einen Arbeitsplatz im Ospedale de S. Maria Nuova, freies Quartier und eine monatliche Pension von 25 Scudi.[45]

Nicolaus Stenonis vertieft sich in die Arbeit. Noch 1666 kann er seinen *„Elementorum Myologiae Specimen sev Musculi descripto Geometrica"*[46] fertigstellen, in dem er sich zur geometrischen Methode in der Naturforschung bekennt. Vin-

45. Scudo: Eine italienische, dem Taler in Gewicht und Feingehalt ähnelnde Silbermünze von ursprünglich 33,5 g Gewicht.

46. Stenonis, N. Elementorvm Myologiae Specimen, Sev Mvscvli descripto Geometrica. – Florentiae MDCLXVII.

cenzo Viviani nimmt regen Anteil an dieser Arbeit, berät und unterstützt Nicolaum Stenonis.

Als Nicolaus Stenonis die Arbeit am *„Elementorum Myologiae Specimen“* fast abgeschlossen hat, fangen Fischer nahe bei Livorno einen Haifisch, dessen Kopf nach Florenz gebracht und Nicolao Stenonis zur Untersuchung übergeben wird. Bei der Sektion stellt Nicolaus Stenonis eine merkwürdige Übereinstimmung der Zähne des Hais mit den Glossopetrae, den sogenannten Zungensteinen fest, die in großer Zahl von der Insel Malta bekannt sind. Gewöhnlich wurden die Glossopetrae als Produkt einer vis plastica, als Naturwunder oder einfach als Naturspiele angesehen, und sie fehlten in keiner Raritäten- oder Naturaliensammlung.[47] Nicolaus Stenonis stellt außer Zweifel, daß es sich bei den Glossopetrae um fossile Haifischzähne handelt. Vorsichtig noch, wie es seine Art ist, weist er auf die organische Herkunft der Fossilien, die Entstehung von Mineralien und die Bildung von Sedimentgesteinen hin.[48]

Der *„Elementorum Myologiae Specimen“* erscheint auf Kosten des Großherzogs 1667 in Florenz. Die Ergebnisse der Sektion des Haifischkopfes veröffentlicht Nicolaus Stenonis in einem Anhang unter dem Titel *„Canis Carchariae dissectum Caput“*[49].

Neben diesen Arbeiten beteiligt sich Nicolaus Stenonis eifrig an den Sitzungen der Accademia del Cimento; er führt Sektionen aus, auch von der Sektion von Frauenleichen ist die Rede.

47. Glossopetrae waren im 17. Jahrhundert verschiedentlich Gegenstand der Erörterung (vgl. Fußnote 57).

48. Vgl. Scherz, G.: Niels Stensen. Denker und Forscher im Barock. — A. a. O., S. 206—208; Noe-Nygaard, A.: Nicolaus Steno. Palaeontologist, Geologist, Crystallographer. — In: Poulsen, J. E.; Snorrason, E.: Nicolaus Steno, 1638—1686, A Reconsideration by Danish Scientists. — Gentofte: Nordisk Insulinlaboratorium 1986, S. 167—190.

49. Stenonis, N.: Canis Carchariae dissectum Caput. — Florentiae MDCLXVII.

Ein unsichtbares Netz

Während alledem haben die Jesuiten ein Auge auf Nicolaum Stenonis. Im Gelehrtenkreis treten Glaubensfragen hinter die Diskussion wissenschaftlicher Probleme zurück; also wird ein anderer Weg gewählt, um den berühmten Gelehrten in den Schoß der katholischen Kirche zu führen.

Eine undurchsichtige Rolle bei den Bemühungen um die Konversion Nicolai Stenonis spielt Francesco Redi, Hofarzt – und zweifellos ein Vertrauter – Ferdinandos II. Bereits am 30. März 1667 bekundet Francesco Redi in einem Brief sein starkes Interesse an der Konversion Nicolai Stenonis.[50]

Als Nicolaus Stenonis im April 1667 Lucca besucht, gibt ihm Francesco Redi ein Empfehlungsschreiben an Lavinia Cenami Arnolfini (1631–1710) mit.[51] Sie ist die Gattin des luccanischen Residenten in Toskana, Silvestro Arnolfini (1604–1685).

Obwohl die Arnolfinis einen Palazzo in Florenz besitzen, lernt Nicolaus Stenonis sie erst im zweiten Jahr seines Italienaufenthaltes und nicht in Florenz, sondern in Lucca kennen. Lavinia Arnolfini ist eine Dame von Welt und eine seeleneifrige Katholikin. Ihr und ihrem Beichtvater, dem Jesuitenpater und Rektor des Jesuitenkollegs von Florenz, Emilio Savignani (1605–1678) fällt die führende Rolle bei der Konversion Nicolai Stenonis zu.

In Florenz ist Nicolaus Stenonis nun ein häufiger Gast im Hause der Arnolfinis; Lavinia Arnolfini, die den sechs Jahre Jüngeren offenbar sehr beeindruckt, verwickelt den Pro-

50. Brief F. Redis an V. Inghirami vom 30. 3. 1667. – In: Redi, F.: Opere, T. 7 – Milano 1810, S. 407.

51. Brief F. Redis an Lavinia Cenami Arnolfini vom 11. 4. 1667. – In: Redi, F.: Opere, T. 8. – Milano 1811, S. 321–322. Vgl. auch Scherz, G.: Niels Stensens Briefwechsel. – In: Epistolae, S. 37.

testanten in Glaubensgespräche. Mit zunächst sanfter Gewalt drängt sie Nicolaum Stenonis zur Entscheidung; schließlich droht sie, unterstützt durch Emilio Savignani, dem Widerstrebenden, sie werde ihn nicht mehr empfangen, wenn er nicht entschlossen sei, Katholik zu werden.[52] Am 2. November 1667, am Allerseelentag, schließlich willigt Nicolaus Stenonis in die Konversion. Am 7. November wird er in die katholische Kirche aufgenommen und am 8. Dezember 1667 vom Apostolischen Nuntius in Florenz, Lorenzo Trotti (gest. 1700), gefirmt. Aber bereits am 29. November 1667 berichtet Lorenzo Trotti die Konversion Nicolai Stenonis an den Kardinalstaatssekretär Decio Azzolino (1623—1689) in Rom; er vergißt nicht, den Anteil der Jesuiten und des Großherzogs zu erwähnen.[53]

Obgleich zur Konversion gedrängt, sind Nicolai Stenonis ureigene Motive, diesen Schritt zu tun, sicherlich vielschichtig. Die Aussichtslosigkeit, in der Heimat eine feste Anstellung zu erhalten, Dankbarkeit für die freundliche Aufnahme im katholischen Italien, die durchaus wissenschaftsförderliche Atmosphäre in Florenz, die Nicolaus Stenonis angesichts der Verurteilung Galileo Galileis nicht erwarten durfte, mögen einen nicht unwesentlichen Einfluß auf seine Entscheidung gehabt haben. Doch gewiß fühlt sich Nicolaus Stenonis auch emotional vom Katholizismus angezogen; er bezeugt selbst, wie tief ihn das Erlebnis einer Fronleichnamsprozession in Livorno beeindruckt hat.[54] Wie auch immer, selbst in seinen späteren theologischen Schriften verläßt Nicolaus Stenonis seine streng systematisierende Arbeitsmethode nicht.

52. Vgl. Scherz, G.: Niels Stensen. Denker und Forscher im Barock. — A. a.O., S. 71—72; Scherz, G.: Niels Stensen. Ein Bildbuch. — A. a.O., S. 22—24.

53. Brief L. Trottis an D. Azzolino vom 29. 11. 1667. — In: Epistolae, S. 925.

54. Vgl. Scherz, G.: Niels Stensen. Denker und Forscher im Barock. — A. a.O., S. 61; Scherz, G.: Niels Stensen. Ein Bildbuch. — A. a. O., S. 18—19.

Ein unsichtbares Netz

Die Reaktion auf Nicolai Stenonis aufsehenerregende Konversion ist zwiespältig. Während ihn seine italienischen Freunde selbstverständlich ausnahmslos zu seinem Entschluß beglückwünschen, stehen seine niederländischen Bekannten diesem verständnislos, ja sogar ablehnend gegenüber. Sie vor allem werden Nicolaum Stenonis in eine Glaubensdebatte hineindrängen, die tief in sein Leben und Schaffen eingreift.

Der Zufall will es, daß ihn, wie Vincenzo Viviani mitteilt[55], am Tage seiner Firmung ein Schreiben Fredereks III., datiert vom 29. Oktober 1667, erreicht. Der Dänenkönig fordert ihn zur Heimkehr nach Kopenhagen auf und setzt Nicolao Stenonis eine Jahrespension von 400 Reichstalern aus.[56] Nicolaus Stenonis unterrichtet seinen König von der vollzogenen Konversion, er bittet ihn um die Erlaubnis, trotzdem heimkehren zu dürfen.

Studium der Erdgeschichte

Mit der anatomisch gesicherten Erkenntnis, daß die Glossopetrae den Zähnen des Hais gleichen, erschließt sich Nicolaus Stenonis ein gänzlich neues Forschungsgebiet: das Studium der Erdgeschichte.

Nicolaus Stenonis ist freilich nicht der erste, den die Natur der Glossopetrae und anderer Versteinerungen beschäftigt. Er selbst weist darauf hin, daß sein Lehrer Thomas Bartholin die Glossopetrae von Malta untersucht hat. Nicolaus Stenonis bewunderte sie in seiner Jugend in Kopenhagen im Museum

55. Brief V. Vivianis an L. Magalotti vom 13. 12. 1667. – In: Magalotti, L.: Delle lettere familiari del Conte Lorenzo Magalotti e di altri insiqui nomini a lui scritte, T. I. – Firenze MDCCLXIX, S. 17–18.

56. Schreiben Fredereks III. an N. Stenonis vom 19. 10. 1667. – In: Epistolae, S. 194.

Wormianum.[57] Die *„Historiarum et observationum medico-physicarum centuriae IV"* des Pierre Borel enthält Bemerkungen über fossile Schnecken, deren Entstehung er auf eine frühere Meeresüberschwemmung zurückführt.[58] Nicolaus Stenonis weiß um die gegensätzlichen Auffassungen Martin Listers und John Rays; er kennt selbstverständlich auch die phantastischen Vorstellungen Athanasius Kirchers in seinem 1664 erschienenen *„Mundus subterraneus"*[59].

Eine wichtige Quelle ist ihm die *„Metallotheca"* des päpstlichen Bibliothekars Michele Mercati (1541—1593). Das Manuskript dieses erst 1717 gedruckten Werkes[60] leiht ihm der florentinische Gelehrte Carlo Dati (1619—1676). Aus diesem Manuskript, im dem Michele Mercati davor warnt, die Glossopetrae mit den Haifischzähnen zu verwechseln, übernimmt Nicolaus Stenonis eine Abbildung des Haifischkopfes in seine Abhandlung *„Canis Carchariae dissectum Caput"*.[61]

Gewiß, Nicolai Stenonis Kenntnis der einschlägigen Literatur ist nicht besonders umfangreich; vor allem Georgius Agricolas (1494—1555) aus bergmännischer Erfahrung schöpfende Werke *„De ortu et causis subterraneorum"*[62] und *„De natura fossilium"*[63] scheint er nicht zu kennen.

Dabei wäre ihm diese Kenntnis nützlich geworden, denn

57. Vgl. Scherz, G.: Niels Stensen. Denker und Forscher im Barock. — A. a. O., S. 204; Noe-Nygaard, A.: Nicolaus Steno, Palaeontologist, Geologist, Crystallographer. — A. a. O., S. 169. Beschrieben sind Glossopetrae in Worm, O.: Museum Wormianum seu Historia rerum Rariorum. — Leiden MDCLV; vgl: Scherpelern, H. D.: Museum Wormianum dets Fornsaetninger og Tilblivelse. — Aarhus: Wormianum 1971.

58. Vgl. Scherz, G.: Niels Stensen. Denker und Forscher im Barock. — A. a.O., S. 204.

59. Kircher, A.: Mundus subterraneus in quo universae naturae majestas et divitae demonstratur Libri XII. — Amsterodami MDCLXIV.

60. Mercati, M.: Metallotheca opus posthumus. — Romae MDCCXVII.

61. Noe-Nygaard, A.: Nicolaus Steno. Palaeontologist, Geologist, Crystallographer. — A. a. O., S. 170.

62. Agricola, G.: De ortu et causis subterraneorum Lib. V. — Basiliae MDLVIII.

63. Agricola, G.: De natura fossilium Lib. X. — Basiliae MDLVIII.

Nicolai Stenonis systematisches Forschen führt ihn zur genauen Unterscheidung von Fossilien und Mineralen, auf die Frage nach ihrer Genese und auf die nach der Entstehung der sie umgebenden Gesteinsschichten.

Die Toskana bietet Nicolao Stenonis reichen Stoff: Die Flußablagerungen in den Tälern des Arno und seiner Nebenflüsse; der Toskanische Apennin und die Apuanischen Alpen mit ihren bald horizontal liegenden, bald steil aufgerichteten fossilreichen Schichten, mit einer Vielzahl Minerale in Spalten, Gängen und Höhlen der Gebirge; der Marmor von Carrara und die reichen Schwefelkieslager auf der Insel Elba. Bergbau auf Kupfer-, Eisen-, Silber- und Quecksilbererze wird in der Toskana seit ältester Zeit betrieben.

Vincenzo Viviani als ausgezeichneter Kenner der toskanischen Landschaft ist Nicolao Stenonis ein sachkundiger Berater. Er ist es, der den Großherzog Ferdinando II. auf die Möglichkeiten aufmerksam macht, durch gründliche Untersuchungen aus dem toskanischen Bergbau, aus Salinen und Marmorbrüchen größeren wirtschaftlichen Vorteil zu ziehen. Er ist es auch, der ihm vorschlägt, Nicolaum Stenonis mit diesen Untersuchungen zu betrauen.[64]

Im einzelnen wissen wir wenig über Nicolai Stenonis Wanderungen durch die Toskana zwischen Anfang Dezember 1667 und Anfang Juli 1668. Doch gibt uns die Beschreibung seiner Sammlung, die uns Giovanni Targioni-Tozzetti (1712—1783) im „*Indice di Cose Naturali, forse dedotte da Nicolò Stenone*"[65] bewahrt hat, gewisse Auskünfte über Aufschlüsse, die Nicolaus Stenonis binnen eines reichlichen halben Jahres aufgesucht haben wird. Einige der Fundorte von Mineralen und Fossilien liegen in den Alpi Apuana nördlich

64. Vgl. Scherz, G.: Niels Stensens Briefwechsel. – In: Epistolae, S. 29.

65. Indice di Cose Naturali, forse dedotte da Nicolò Stenone. Vgl. Scherz, G.: Nicolaus Steno and his Indice. – Køpenhavn, E. Munksgaard 1958.

von Pisa und Lucca; andere südlich von Florenz bei Siena, Querceto, Monterappoli, Libbiano; weitere in der Maremma Toscana und bei Livorno. Vieles deutet auf einen Besuch Nicolai Stenonis auf der Insel Elba hin.[66]

Anfang Juli 1668 bricht Nicolaus Stenonis seine Reisen durch die Toskana überraschend ab. Günstige Nachrichten aus der Heimat müssen ihn erreicht haben. Aus „*De solido intra solidum*" wissen wir, Nicolaus Stenonis hofft nun doch auf seine baldige Heimkehr.[67]

In Eile faßt er wesentliche Ergebnisse seiner Forschungen im „*De solido intra solidum naturaliter contento Dissertationis Prodromus*" zusammen. Bereits im August 1668 liegt die kleine Abhandlung fertig vor,[68] obwohl die Naturbeobachtungen längst nicht abgeschlossen sind. „*Das ist nun eine kurze, um nicht zu sagen überstürzte Zusammenfassung der wichtigsten Dinge, die ich in der eigentlichen Dissertation sowohl deutlicher, als auch breiter auseinanderzusetzen beschlossen hatte nebst Beifügung einer Beschreibung der Orte, wo ich die einzelnen Beobachtungen machte*"[69], schreibt Nicolaus Stenonis als letzten Satz seiner Abhandlung. Dennoch glaubt er, das Studium der Erdgeschichte fortsetzen zu können; er erhofft sich von seiner bevorstehenden Reise „*... eine umfangreichere Kenntnis der zur Aufhellung der Frage dienenden Dinge ...*"[70].

66. N. Stenonis Beschreibung des Pyrits von Elba deutet auf gute Ortskenntnis hin. Vgl. Stenonis, N.: De solido intra solidum naturaliter contento Dissertationis Prodromus (also im Faksimile-Teil dieser Ausgabe; im folgenden „*Prodromus*" mit kursiver Seitenangabe), S. 49—53; Steno, N.: Vorläufer einer Dissertation über feste Körper, die innerhalb anderer fester Körper von Natur aus eingeschlossen sind (also in der diesem Essai vorangestellten Mieleitnerschen Übersetzung), S. 60—64). (Im folgenden stehen bei Textvergleichen zum „Prodromus" beide Seitenzahlen (vgl. Fußnote 67): zuerst die (kursiv gesetzte) Seitenzahl des Originals, danach in Klammern die zugehörige Seitenzahl der Übersetzung, bezogen auf die vorliegende Ausgabe.)

67. *Prodromus, S. 3* (S. 19).

68. Der erste Zensurvermerk ist vom 30. 8. 1668 datiert.

69. *Prodromus, S. 76* (S. 84).

70. *Prodromus, S. 6* (S. 22).

Auf Forschungsreise

Sommer und Herbst 1668 gehen ins Land, die angekündigte Order zur Heimkehr nach Kopenhagen bleibt aus. In Ungewißheit geht Nicolaus Stenonis wiederum auf Reisen; südwärts diesmal. Im November ist er in Rom, teilt Michel Angelo Ricci Kardinal Leopoldo mit.[71] Durch ihn wissen wir, Nicolai Stenonis Reiseziel ist Neapel.

In Neapel schließt er neue Bekanntschaften, vermutlich mit dem Anatomen Lucantonio Polzio (1639–1723) und dem Gelehrtenkreis der Accademia degli Investiganti; sein vordringliches Anliegen aber, sein großherzoglicher Auftrag, ist die Fortsetzung der Arbeit an *„De solido intra solidum"*.

Gewiß sieht Nicolaus Stenonis den Monte Somma und den die Silhouette des Golfes beherrschenden Vesuv, studiert er die verheerenden Zerstörungen des Ausbruchs von 1631, die noch unverwitterten Lavaströme der Eruptionen von 1666, 1667 und 1668.[72] Undenkbar ist, daß Nicolaus Stenonis die Campi Flegrei, die Solfatora, den erst 1538 entstandenen Monte Nuovo, das Serapeum von Pozzuoli nicht besucht.

Ein Vierteljahr nach der Niederschrift des *„Dissertationis Prodromus"* erlebt Nicolaus Stenonis in der Campagnia die Wirkungen erdinnerer Kräfte, kann er an den Spuren der Bohrmuscheln in den Säulen des Serapistempels Hebungen und Senkungen des Festlandes ablesen.

Keine Aufzeichnungen Nicolai Stenonis über seine Beobachtungen am Golf von Neapel sind auf uns gekommen, doch

71. Brief A. Riccis an Leopoldo vom 17. 11. 1668. – In: Fabroni, A.: Lettere indedite di uomini illustri, T. 2. – Firenze 1775, S. 163.

72. Der Vesuv war in den 60er Jahren des 17. Jahrhunderts ständig tätig. Vgl. Noe-Nygaard, A.: Nicolaus Steno. Palaeontologist, Geologist, Crystallographer. – A. a. O., S. 180; Smithonian Institution: Volcanics of the World. – Stroundsburg, Penn.: Hudchinson Ross Publ. Co. 1981, S. 233.

dürfen wir annehmen, daß der Augenschein Nicolai Stenonis noch unausgereifte Ansichten über die gebirgsbildenden Kräfte nicht unbeeinflußt läßt.[73]

Im Dezember 1668 ist Nicolaus Stenonis wieder in Rom, am 9. Februar 1669 bei Marcello Malpighi in Bologna, Anfang März in Venedig, wo er mehrmals in den Glasmanufakturen von Murano weilt. Ende April reist er über Verona, Trient und Bozen nach Innsbruck, wo ihn die Schwester Ferdinandos II., Erzherzogin Anna de' Medici (1616—1676) empfängt.

Auch hier in der alten Kaiserresidenz gilt Nicolai Stenonis Interesse nicht den Sehenswürdigkeiten der Stadt. Nicht die unter Leitung von Andrea Crivelli (1430/35—um 1495) erbaute Hofkirche, nicht das Grabdenkmal des Kaisers Maximilian I. (1493—1519) mit den achtundzwanzig Erzstatuen, nicht das berühmte Goldene Dachl erregen seine Aufmerksamkeit. Durch einen Brief Annas an ihren Bruder Ferdinando II. wissen wir, Nicolaus Stenonis unternimmt Wanderungen in die Umgebung.[74] Er wandert nach der nur wenige Meilen östlich gelegenen Salinenstadt Hall, nach der bedeutenden Bergstadt Schwaz im unteren Inntal, wo Bergbau auf Silber, Quecksilber und Kupfer betrieben wird, wohl auch ins Habachtal unter den Hohen Tauern, wo am Graukogel seit altersher schöne Smaragde gefunden werden. Indes verleugnet Nicolaus Stenonis auch den Anatomen nicht; in Innsbruck seziert er einen monströsen Kalbskopf.[75]

Im Frühsommer 1669 reist Nicolaus Stenonis nach Nürnberg, wo er Gast Johann Georg Volckamers (1616—1693) ist. Im August 1669 treffen wir ihn in Wien; am 3. August dankt

73. Vgl. Brief N. Stenonis an M. Malpighi vom 27. 10. 1669. — In: Epistolae, S. 212.

74. Brief Anna de' Medicis an Ferdinando II. vom 16. 6. 1669. — In: Scherz, G.: Niels Stensens Briefwechsel. — In: Epistolae, S. 17.

75. Ebenda; Stenonis, N.: De vitulo hydrocephalo epistola. — In: Acta Medica & Philosophica Hafniensia, T. I. — Hafniae MDCLXXIII, S. 249—262.

er dem Großherzog Ferdinando II. für 400 Gulden und verspricht, die Arbeit an „*De solido intra solidum*“ zu vollenden.[76]

In der Kaiserstadt Wien, sie ist kaum größer als Kopenhagen, hält Nicolaus Stenonis sich nicht lange auf; bereits am 14. August ist er auf dem Wege nach Ungarn. Die alten Bergstädte Schemnitz, Kremnitz und Neusohl[77] sind sein Ziel. In den Schächten von Schemnitz und Kremnitz wird auf Gold und Silber geschürft, in Neusohl auch Kupfer abgebaut. Etwa zwei Monate durchstreift Nicolaus Stenonis die Gegend, studiert das Gebirge und sammelt Minerale. Mehrere Fundstücke sind im „*Indice di Cose Naturali*“ verzeichnet.

Wieder in Wien, berichtet Nicolaus Stenonis seinem Freund Marcello Malpighi über seine Ungarnreise:

„Meine Reise zur Besichtigung der Bergwerke gereichte mir zur größten Befriedigung, nicht so sehr wegen der neuen Beobachtungen, die sehr wenige waren, als vielmehr, weil ich mit eigenen Augen jene Dinge sah, die man beim Lesen der Metallschriftsteller schwerlich versteht. Ich habe jedoch auch etwas zur Bestätigung meiner Anschauungen über die Veränderungen in der Erde gesehen, daß sich nämlich an denselben Orten Schichten der blaugrauen, harten Sandsteine zum Horizont geneigt finden, die natürlicherweise nicht in dieser Lage geschaffen sein können. Es scheint mir auch kein Zweifel darüber zu bestehen, daß die Gold- und Silberadern und die Verästelungen nur eine Ausfüllung der Räume zwischen Sandstein und Sandstein und der Spalten dieser Sandsteine sind. [78]

Noch immer wartet Nicolaus Stenonis auf eine Nachricht aus Kopenhagen: „*Ich hoffe, meine Reise in diesem Jahr beendigen zu können, aber ich bin mit meinem Anliegen nicht weiter*

76. Brief N. Stenonis an Ferdinando II. vom 3. 8. 1669. – In: Epistolae, S. 210.
77. Heute: Banská Štiavnica, Kremnica und Banská Bystrica (ČSSR).
78. Brief N. Stenonis an M. Malpighi vom 27. 10. 1669. – In: Epistolae, S. 212. Zitiert nach Scherz, G.: Niels Stensen. Denker und Forscher im Barock, S. 85.

gekommen, als ich bei Ihnen war, d. h. es fehlt wenig, daß ich jeden Gedanken, in die Heimat zurückzukehren, aufgebe."[79]

Indes ist seine Reise längst nicht zu Ende. Offenbar mit Aufträgen Ferdinandos II. versehen, reist Nicolaus Stenonis nach Amsterdam. Seine Reise führt durch Böhmen, Sachsen und Thüringen. Anhaltspunkte gibt wiederum nur der „*Indice di Cose Naturali*". Möglicherweise besucht er Kuttenberg, Karlsbad, Joachimsthal[80], Freiberg und das Mansfelder Land. Wahrscheinlich im Februar 1670 trifft er in Amsterdam ein.

Er trifft seine alten Freunde Jan Swammerdam und Reinier de Graaf. Doch wissenschaftliche Dispute treten jetzt hinter religiösem Streit zurück. Nicolai Stenonis Konversion ist der Stein des Anstoßes. Insonderheit der Prediger an der deutschen reformierten Kirche in Amsterdam, Johannes Sylvius (gest. 1699), greift Nicolaum Stenonis an. Wie nie zuvor ist er in Glaubensdebatten verwickelt; Verständnis findet er nicht.

Anfang Juni 1670 erreicht Nicolaum Stenonis die Nachricht von der schweren Erkrankung Ferdinandos II. Unverzüglich reist er nach Florenz zurück, wo aber bereits Cosimo III. de' Medici (1642–1723) als neuer Großherzog die Regierung übernommen hat.

In Florenz und Kopenhagen

Nach zwanzigmonatiger Abwesenheit ist Nicolaus Stenonis wieder in seiner Wahlheimat. Er bezieht ein kleines Haus mit Garten am linken Ufer des Arno; Cosimo III. gewährt ihm die frühere Pension und wünscht, er möge die Arbeit an „*De solido intra solidum*" fortsetzen.

79. Ebenda.

80. Heute Kutná Hora, Karlový Vary, Jachýmov (ČSSR). Vgl. Scherz, G.: Niels Stensen. Denkér und Forscher im Barock. – A. a. O., S. 86.

In Amsterdam hatte Nicolaus Stenonis versprochen, die Glaubenskontroverse mit den niederländischen Freunden schriftlich zu Ende zu führen. Bereits am 15. Juli 1670 schickt er in einem Brief Johannes Sylvius das „*Examen Objectionis*"[81], in dem er die Auffassungen der Protestanten und Katholiken in Glaubensfragen einander gegenüberstellt. Der Streit verhärtet sich; Johannes Sylvius antwortet mit heftigen Angriffen gegen Nicolaum Stenonis.[82]

Mit Erlaubnis Cosimos III., der die Glaubensdebatte für eine höchst notwendige Sache hält, unterbricht Nicolaus Stenonis seine Studien und widmet sich theologischen Fragen. Vom Herbst 1670 bis zum Sommer 1671 verfaßt Nicolaus Stenonis mehrere apologetische Schriften. Auch wendet er sich philosophischen Fragen zu und setzt sich im „*Ad novae philosophiae reformatorum De vera philosophia epistola*"[83] mit Baruch Spinozas Anfang 1670 anonym erschienenem „*Tractatus theologico-politicus*"[84] auseinander. Über die Rechtfertigung der eigenen Entscheidung wird Nicolaus Stenonis zum Apologeten des Katholizismus.

Erst der Sommer 1671 gehört wieder der Naturforschung. Im Auftrage Cosimos III. unternimmt Nicolaus Stenonis eine Reise zu den oberitalienischen Seen, um durch die Erforschung der Alpenhöhlen das Problem der Antiperistatis[85] zu

81. Brief N. Stenonis an J. Sylvius vom 15. 7. 1670. – In: Epistolae, S. 217–218.

82. Brief J. Sylvius' an N. Stenonis vom 25. 9. 1670. – In: Epistolae, S. 220–223.

83. Stenonis, N.: Ad novae philosophiae reformatorum De vera philosophia epistola. Florentiae MDCLXXV.

84. Spinoza, B.: Tractatus theologico-politicus. – Amstelodami MDCLXX. Die Schrift erschien anonym mit der falschen Verlagsangabe „Hamburgi: Apud Henricum Kunrath".

85. Der aristotelische Begriff der Antiperistatis bedeutet soviel wie Sammlung und Verstärkung der eigenen Kräfte, um den Angriff entgegengesetzter Kräfte abzuwenden. Beispielsweise wurde die Beobachtung, daß Keller im Winter warm und im Sommer kühl sind, mit dem Begriff der Antiperistatis erklärt. N. Stenonis lehnte, gleich anderen Zeitgenossen, diese Erklärung ab.

klären. Über seine Untersuchung der nordöstlich des Gardasees gelegenen Grotta Cresta sowie der über dem östlichen Arm des Comer-Sees gelegenen Grotta di Moncadeno sendet er ausführliche Berichte an den Großherzog.[86] Er nennt seine Gründe gegen die Lehre von der Antiperistatis und findet auch seine Meinung über die Entstehung von Kristallen bestätigt; von der Grotta di Moncadeno fertigt er mehrere schematische Skizzen an.[87]

Wiederholt arbeitet Nicolaus Stenonis in den großherzoglichen Sammlungen in Pisa und im Palazzo Pitti in Florenz. Er fertigt Beschreibungen der dort aufbewahrten Minerale und Fossilien an und verleibt vermutlich im April 1675 seine eigene Sammlung der großherzoglichen Kollektion ein. Die Beschreibung seiner Sammlung ist im *„Indice di Cose Naturali“* erhalten geblieben.

Ende des Jahres 1671 erreicht Nicolaus Stenonis die Nachricht, König Christian V. (1646—1699) werde ihn heimberufen, sofern er der Annahme dieses Angebotes sicher sei; Restriktionen wegen seines Glaubens habe er nicht zu befürchten.

Nach dem Regierungsantritt Christians V. lockert sich vorübergehend, wohl aus handelspolitischen Gründen, die religiöse Intoleranz im protestantischen Dänemark. Unter dem Einfluß des Reichskanzlers Peter Schumacher Griffenfeld (1635—1699) wird Juden und Katholiken der Aufenthalt in Dänemark gestattet — trotz des zornigen Protestes des Bischofs von Seeland Johann Wandal gegen die „Atheisten“.[88]

Peter Schumacher Griffenfeld ist es auch, der die Heimkehr Nicolai Stenonis bewerkstelligt. Nachdem er seine Zu-

86. Briefe N. Stenonis an Cosimo III. vom Juni (?) 1671 und vom 19. 8. 1671. — In: Epistolae, S. 238—245.

87. Ebenda, S. 245.

88. Scherz, G.: Niels Stensens Briefwechsel. — In: Epistolae, S. 76—77; Scherz, G.: Niels Stensen. Denker und Forscher im Barock. — A. a. O., S. 78, 93.

sage mitgeteilt und den königlichen Befehl vom 3. (13.) Februar 1672[89] in Händen hat, tritt Nicolaus Stenonis am 19. (29.) Mai 1672 die Reise in die Heimat an.

Wie er dem Großherzog berichtet, führt die Reise über Bologna, Venedig, Innsbruck, Plauen und Dresden, wo ihn Kurfürst Johann Georg II. (1613—1680) empfängt und Nicolaus Stenonis das Naturalienkabinett besichtigt.[90]

Am 27. Juni (7. Juli) 1672 trifft Nicolaus Stenonis in Kopenhagen ein; Unterkunft findet er in seinem Geburtshaus in der Kobmagergade bei seiner Schwester Anne Kitzerow.

Auch in Kopenhagen betreibt Nicolaus Stenonis erdgeschichtliche Studien, doch sein Eifer gilt nun vornehmlich wieder der Anatomie. Den Ertrag der Kopenhagener Zeit veröffentlicht Thomas Bartholin in den *„Acta Medica & Philosophica Hafniensia."*[91]

Eine Professur freilich erhält der Konvertit nicht; nicht einmal der Titel eines Königlichen Anatomen wird ihm offiziell verliehen, die Pension erst nachträglich zum Jahresende gezahlt. Seine anatomischen Demonstrationen führt Nicolaus Stenonis privat, meistens im Gartenhaus seines Schwagers Jacob Kitzerow (gest. 1674) durch; nur einmal hat er Gelegenheit zu öffentlichen Sektionen.

So ist Nicolai Stenonis Stellung in Kopenhagen zufällig und unbefriedigend; sie wird unhaltbar, als er sich in eine Kontroverse mit dem Rektor der Schule in Herlufsholm, Johann Brundsmand (1637—1707), hineinziehen läßt.[92] Seit dem

89. Schreiben Christians V. an N. Stenonis vom 23. 2. (5. 3.) 1772. — In: Epistolae, S. 261.

90. Brief N. Stenonis an Cosimo III. vom 21. 6. 1672. — In: Epistolae, S. 264—266.

91. Acta Medica & Philosophica Hafniensia, T. I. — Hafniae MDCLXXIII, S. 249—262, 274—278; T. II. — Hafniae MDCLXXIII, S. 320—345, 359—366; T. III. — Hafniae MDCLXXVII, S. 34—35.

92. Brief N. Stenonis an J. Brundsmand vom 7. 12. 1673. — In: Epistolae, S. 283—291.

Frühjahr 1674 bemüht sich Nicolaus Stenonis, unterstützt von Cosimo III., um seine Rückkehr nach Florenz; am 4. (14.) Juli schließlich erhält er den Reisepaß.[93]

Nicolai Stenonis Reiseroute führt über Hamburg, Hannover, Hildesheim, Köln und Amsterdam. In Hannover ist er Gast des Herzogs Johann Friedrich von Calenberg (1625–1679); in Amsterdam versucht er vergeblich, Jan Swammerdam zu bewegen, mit nach Florenz zu kommen. Ende Dezember 1674 trifft Nicolaus Stenonis wieder in der Stadt am Arno ein.

Seelsorge versus Naturforschung

Cosimo III. bestimmt Nicolaum Stenonis zum Erzieher seines Sohnes, des Thronfolgers Ferdinando de' Medici (1663–1713). Seine Aufgabe ist, den zwölfjährigen Prinzen in der „Philosophia Christiana" zu unterrichten; Cosimo III. ist die ganze „neue Philosophie" verhaßt.[94] Für den Prinzen verfaßt Nicolaus Stenonis einen nicht erhalten gebliebenen „*Trattato di morale per un principe*"[95], an den Ferdinando sich späterhin nicht halten wird.

Bald nach seiner Rückkehr nach Florenz faßt Nicolaus Stenonis den Entschluß, Priester zu werden. Katholische Freunde haben ihn zur Konversion gedrängt, die Glaubenskontroverse mit protestantischen Freunden drängt ihn zur Seelsorge.

93. Schreiben Christians V. vom 14. 7. 1674. – In: Epistolae, S. 294–295.

94. Schumacher, E.: Der Fall Galilei. Das Drama der Wissenschaft. – Berlin: Deutscher Verlag der Wissenschaften 1964, S. 177.

95. Vgl. Scherz, G.: Niels Stensens Briefwechsel. – In: Epistolae, S. 39; Brief N. Stenonis an Ferdinando de' Medici vom April (?) 1677. – In: Epistolae, S. 322–323.

Cosimo III. ist dieser Schritt recht; unter seiner Regentschaft herrschen ohnedies die Mönche in Florenz.[96]

Kein Wunder also, wenn bei Nicolai Stenonis Rückkehr keine Rede mehr ist von der weiteren Arbeit an „*De solido intra solidum*". Seine Forschungen versprechen ohnehin nicht, auf schnellem Wege Geld einzubringen. Neue Steuern zu erheben, ist einfacher, als die Wirtschaft des Landes zu entwikkeln. Hat sein Vater bereits Mühlsteine mit einer Steuer belegt, gefällt es Cosimo III., eine Perückensteuer einzuführen[97], um der Verschwendungssucht seines Hofes zu genügen. Nicolaus Stenonis, vom Großherzog um Rat gefragt, rät zu Mäßigung in der Führung des Staates.[98]

Welche Gründe ihn auch immer dazu bewegen mögen, Nicolaus Stenonis gibt die Naturforschung völlig auf. „*De solido intra solidum*", die Abhandlung, die sein wissenschaftliches Hauptwerk hätte werden können, bleibt unvollendet.

Nicolaus Stenonis empfängt die heiligen Weihen, und bereits am Ostersonntag, dem 14. April 1675, liest er seine Primiz in der Kirche SS. Annunziata in Florenz. Zwei Jahre wirkt er als Prinzenerzieher und Priester. Auf Kosten des Großherzogs gibt er seine 1671 verfaßten apologetischen Schriften zum Druck. Sie erregen ebensolches Aufsehen wie seine Fähigkeit, einzelne Seelen zu gewinnen und zur Konversion zu führen.

Im Jahre 1676 stirbt der Apostolische Vikar in Hannover Valerio Macconi (1622–1676). Der Herzog von Hannover Johann Friedrich von Calenberg wünscht sich Nicolaum Stenonis, mit dem er korrespondiert, zum Nachfolger. Papst Innozenz XI. stimmt diesem Ersuchen zu.

96. Schumacher, E.: Der Fall Galilei. Das Drama der Wissenschaft. – A. a. O., S. 177.
97. Vgl. Epistolae, S. 313.
98. Brief N. Stenonis an Cosimo III. vom Januar (?) 1676 (?). – In: Epistolae, S. 311–312.

Am 1. Mai 1677 verläßt Nicolaus Stenonis Florenz; sein Weg führt ihn abermals nach Rom, wo er in der Villa Medici Wohnung nimmt. In diese Zeit fällt seine Begegnung mit dem dreizehn Jahre jüngeren sächsischen Philosophen, Mathematiker und Physiker Ehrenfried Walter Graf von Tschirnhaus (1651—1708), den er vergeblich zur Konversion zu bewegen versucht.

Papst Innozenz XI. empfängt Nicolaum Stenonis am 6. August 1677; am 21. August wird er offiziell als Apostolischer Vikar bestätigt.[99] Nicolaus Stenonis übersiedelt in den Palazzo della Propaganda Fide an der Piazza Spagna, um sich auf die Bischofsweihe vorzubereiten.

Gemessen an den eher schleppenden Entscheidungen der römischen Kurie über Nicolai Stenonis spätere Tätigkeit, vollzieht sich der Aufstieg des katholischen Priesters zum Bischof überraschend schnell: Am 13. September 1677 empfängt Papst Innozenz XI. Nicolaum Stenonis zum zweiten Mal und ernennt ihn zum Titularbischof von Titiapolis in Kleinasien.[100] Am 19. September erteilt ihm Kardinal Gregorio Barbarigo (1625—1697) die Bischofskonsekration.

Am 28. September trifft Nicolaus Stenonis wieder in Florenz ein, um Abschied von den Freunden und Abschied von der Stadt zu nehmen. Dieses Mal für immer.

99. Ernennungsschreiben des Papstes Innozenz XI. vom 21. 8. 1677. — In: Epistolae, S. 349—350.

100. Ernennungsschreiben des Papstes Innozenz XI. vom 13. 9. 1677. — In: Epistolae, S. 355—357. N. Stenonis wurde nicht zum regierenden Bischof einer Diözese, sondern auf den Titel einer nicht mehr existierenden Diözese geweiht. Dabei handelt es sich um eine alte, bis heute geübte Praxis der katholischen Kirche bei der Weihe von Hilfsbischöfen und Apostolischen Vikaren.

In der nordischen Diaspora

Von Hildesheim kommend, fährt Nicolaus Stenonis Anfang November 1677 durch das Ägidientor in Hannover ein. Die Stadt an der Leine, einigermaßen unbeschadet über den Dreißigjährigen Krieg gekommen, mit ihren gotischen Kirchen und Giebelhäusern, mit dem Backsteinbau des Alten Rathauses und dem Schloß, dessen Bau 1637 auf dem Grundstück des ehemaligen Barfüßerklosters begonnen wurde, ist die Residenz des ehrgeizigen, 1651 zum Katholizismus übergetretenen Herzogs Johann Friedrich von Calenberg. Rund zehntausend Einwohner zählt die gut befestigte Stadt; nicht mehr als fünfhundert Gläubige die katholische Gemeinde. Zentrum des katholischen Lebens ist das Hospiz der Kapuzinermönche in der Leinestraße in unmittelbarer Nachbarschaft zur Schloßkapelle.

Das Amtsgebiet des Apostolischen Vikars umfaßt die Länder Johann Friedrichs – Calenberg, Göttingen und Grubenhagen; des weiteren die Gebiete Lüneburg und Wolfenbüttel; die Bistümer Bremen, Halberstadt und Magdeburg, das Kurfürstentum Brandenburg; die Herzogtümer Mecklenburg-Schwerin und Mecklenburg-Güstrow; schließlich die Missionen Altona, Hamburg, Glücksstadt und Schleswig-Holstein. Im Jahre 1678 kommen noch das Bistum Osnabrück sowie Dänemark mit Norwegen hinzu.[101]

Aus katholischer Sicht ist Nicolai Stenonis Amtsgebiet ein weitläufiges Trümmerfeld: die nordische Diaspora. Ein großer Teil der ihm unterstellten Länder ist ihm überhaupt nicht zugänglich; die weltliche Macht würde ihm den Zutritt verwehren. Auch läge es nicht im Interesse Johann Friedrichs,

101. Schreiben des Papstes Innozenz an N. Stenonis vom 14. 3. 1678. – In: Epistolae, S. 375–376.

wenn Nicolaus Stenonis allzu ernst seinen Pflichten nachginge und damit Unruhe ins Land brächte. Schon 1679 teilt Nicolaus Stenonis der Congregatio della Propaganda Fide mit, aus praktischen, finanziellen und politischen Gründen die Sorge für alle diese Länder nicht tragen zu können;[102] 1679 enthebt ihn Rom der Verantwortung für Halberstadt und Magdeburg. Praktisch indessen beschränkt sich Nicolai Stenonis Wirksamkeit auf die Betreuung Hannovers und einiger Klöster der Umgebung.

In Hannover begegnet Nicolaus Stenonis dem Philosophen und Mathematiker Gottfried Wilhelm Leibniz, der seit kurzem Herzoglicher Rat und Bibliothekar Johann Friedrichs ist. Gottfried Wilhelm Leibniz bewundert Nicolai Stenonis „*De solido intra solidum*“ und bemüht sich vergebens, ihn zur Naturforschung zurückzuführen. Der Konversion Nicolai Stenonis steht er verständnislos gegenüber; er hegt gar Zweifel an dessen Ehrlichkeit. Gespräche der beiden Gelehrten über eine Reunion der beiden Kirchen enden ergebnislos.[103]

Obwohl Nicolaus Stenonis in Hannover hochgeachtet ist, obwohl er hier für sich und seinen Kreis gesicherten Lebensunterhalt findet – der Herzog zahlt ihm eintausend Reichstaler jährlich –, im Grunde genommen steht Nicolaus Stenonis auf verlorenem Posten. Deutlich wird das, als Herzog Johann Friedrich am 28. Dezember 1679 (7. Januar 1680) plötzlich stirbt und unter der Regentschaft seines protestantischen Bruders Herzog Ernst August von Braunschweig-Lüneburg (1629–1698) der katholische Gottesdienst eingestellt werden muß.

Nicolaus Stenonis verläßt die Stadt; er folgt einem Ruf des Fürstbischofs von Paderborn Ferdinand II. Freiherr von Für-

102. Schreiben N. Stenonis an die Kardinäle der Congregatio della Propaganda Fide vom 23. 1. 1679. – In: Epistolae, S. 400–402.

103. Scherz, G.: Niels Stensens Briefwechsel. – In: Epistolae, S. 66–67.

stenberg (1626–1683), der sich Nicolaum Stenonis als Weihbischof für die Diözese Münster wünscht. Mitte Juli 1680 bereits tritt er sein Amt an; die päpstliche Ernennung allerdings erfolgt erst am 7. Oktober 1680.[104]

In Münster, der alten Bischofsstadt mit dem gotischen Dom St. Paulus, bezieht Nicolaus Stenonis das Dekanatshaus von St. Ludgeri. Den Kreis, für den er sorgt, seine „Familie", hauptsächlich Konvertiten, muß er einschränken; ihm stehen nunmehr nur sechshundert Reichstaler jährlich zur Verfügung. Seine Amtsbefugnisse berechtigen ihn lediglich zu Weiheakten und zu Visitationen der Pfarrhäuser und Klöster.

Nicolaus Stenonis nimmt seine Pflichten ernst, doch seine Erfolge bleiben bescheiden. Bereits im Oktober 1681 bittet er um Befreiung von seinem Amt, weil er für die ihm anvertrauten Gebiete nichts tun könne.[105] Rom läßt sich Zeit; erst im Mai 1682 wird sein Ersuchen abschlägig beschieden.[106]

Als nach dem Tode Ferdinands II. von Fürstenberg 1683 die Wahl des Kurfürsten und Erzbischofs von Köln Maximilian Heinrich von Bayern (1621–1688) zum Nachfolger manipuliert wird, weigert Nicolaus Stenonis sich, vor der formellen Wahl die Messe zu lesen. Aus Protest gegen die simonistische Wahl verläßt Nicolaus Stenonis die Stadt.[107]

Mitte September 1683 trifft Nicolaus Stenonis in Hamburg ein, wo er, mittellos und ohne gesicherte Einkünfte, im Hause seines einstigen Studienfreundes, des toskanischen Residenten Theodor Kerckring Aufnahme findet.

104. Ernennungsschreiben des Papstes Innozenz XI. vom 7. 10. 1680. – In: Epistolae, S. 435–438.

105. Schreiben N. Stenonis an O. Cibo vom 31. 10. 1681. – In: Epistolae, S. 503–505.

106. Schreiben O. Cibos an N. Stenonis vom 16. 5. 1682. – In: Epistolae, S. 523–524.

107. Schreiben N. Stenonis an E. Visconti vom 5. 9. 1683. – In: Epistolae, S. 611–613.

Die freie Hansestadt, in der 1529 Johann Bugenhagen (1485—1558) die Reformation einführte, zählte um 1650 bereits mehr als vierzigtausend Einwohner. Die annähernd sechshundert Katholiken erfreuen sich in der weltoffenen Stadt zwar einer gewissen Freiheit, doch gibt es immer wieder Zusammenstöße mit der protestantischen Bürgerschaft, wie auch Streitigkeiten in der katholischen Gemeinde. Nicolaus Stenonis versucht zu vermitteln und zu schlichten und wird selbst in die Zwistigkeiten hineingezogen. Seines erfolglosen Tuns müde, erbittet er Mitte März 1685 Entlastung vom Amt des Weihbischofs und einen längeren Urlaub in der Toskana.[108] Erst im Juli 1685 wird ihm Urlaub für ein Jahr gewährt.[109]

Vor seiner Abreise nach Livorno, wohin ihn Großherzog Cosimo III. eingeladen hat, besucht Nicolaus Stenonis Kopenhagen. Seinen Reiseweg nach Süden wählt Nicolaus Stenonis über Schwerin, die Residenz des am Hofe Louis XIV. in Paris lebenden katholischen Herzogs Christian (Louis) I. von Mecklenburg-Schwerin (1623—1692). Von Paris aus hat der Herzog Nicolaum Stenonis wissen lassen, er dürfe der kleinen, fünfzig Gläubige zählenden katholischen Gemeinde helfen, ungehindert ihrem Glauben zu leben.[110]

Am 11. (21.) Dezember 1685 verläßt Nicolaus Stenonis Hamburg; am 14. (24.) Dezember 1685 trifft er in der kleinen, rund zweitausend Einwohner zählenden, durch den Dreißigjährigen Krieg und durch das verheerende Feuer von 1651 heruntergekommenen Stadt ein. Freundlich wird er nicht aufgenommen; eher provinziell-diplomatisch.

108. Schreiben N. Stenonis an O. Cibo vom 21. 3. 1685. — In: Epistolae, S. 768; Schreiben N. Stenonis an Papst Innozenz XI. vom 30. 5. 1685. — In: Epistolae, S. 780—783.

109. Schreiben der Congregatio della Propaganda Fide an N. Stenonis vom 16. 7. 1685. — In: Epistolae, S. 792.

110. Schreiben des Herzogs Christian Louis I. an N. Stenonis vom 15. 8. 1685. — In: Epistoale, S. 798—799.

Ein knappes Jahr wirkt Nicolaus Stenonis in Schwerin, unterstützt nur durch Pater Jakob Steffani (gest. 1686) und den jungen Konvertiten Johann von Rosen (etwa 1653 bis nach 1691). Am 12. (22.) November 1686 stirbt Jakob Steffani; es wird einsam um Nicolaum Stenonis.

Am 21. November (1. Dezember) 1686 erkrankt Nicolaus Stenonis; soviel wir wissen, an einer Nierenkolik. Am 25. November (5. Dezember) 1686, morgens 7.00 Uhr, stirbt Nicolaus Stenonis im Alter von knapp neunundvierzig Jahren in Schwerin.[111]

Vorläufig im evangelischen Dom von Schwerin beigesetzt, wird der Leichnam Nicolai Stenonis auf Wunsch des Großherzogs Cosimo III. im Mai 1687 auf der „San Bernardo" von Hamburg aus nach Livorno verschifft; getarnt als eine umfängliche Büchersendung – der Kapitän Johann Richter hätte keinen Sarg an Bord genommen.[112]

Am 13. Oktober 1687 schließlich findet Nicolaus Stenonis in der Krypta von S. Lorenzo in Florenz seine letzte Ruhestätte.[113]

Nachruhm

Nicolai Stenonis Leben ist durch den Widerspruch von Wissen und Glauben geprägt; kein seltener Widerspruch freilich in dieser Zeit. Indes löst Nicolaus Stenonis seinen Lebenswiderspruch auf tragische Weise: In einer Zeit, in der sich die Wissenschaft von der Vormundschaft der Theologie, die Er-

111. Brief T. Kerckrings an Cosimo III. vom 11. 12. 1686. – In: Epistolae, S. 951–952; Brief J. v. Rosens an Cosimo III. vom 14. 12. 1686. – In: Epistolae, S. 952–955.

112. Brief T. Kerckrings an Cosimo III. vom 14. Mai 1687. – In: Epistolae, S. 975–976.

113. Im Zusammenhang mit den Kanonisationsbestrebungen wurde N. Stenonis am 25. 10. 1953 umgebettet und in einer Seitenkapelle von S. Lorenzo beigesetzt.

kenntnis vom Glauben zu lösen beginnt, entscheidet sich der Anatom und Naturforscher gegen die wissenschaftliche Erkenntnis, für seinen neuen Glauben.

Die politischen Hintergründe der konfessionellen Spaltung Europas bleiben der Erkenntnisfähigkeit des scharfsinnigen Denkers verschlossen. Inmitten des durch den Dreißigjährigen Krieg in seinen politischen und ökonomischen Grundfesten erschütterten Europas, das tiefgreifende Wandlungen in seinen politischen und ökonomischen Strukturen erfährt, lebt Nicolaus Stenonis einem persönlich sicher tiefempfundenen sittlich-religiösen Ideal, das ihn unbemerkt zum Vollstrecker des allenthalben offensiven Geistes der Gegenreformation werden läßt.

Nicolaus Stenonis sieht auf seinen Reisen durch weite Gebiete Mittel- und Südeuropas Glanz und Pracht der großen und kleinen Höfe; er sieht die Not des Volkes, die Folgen des Dreißigjährigen Krieges und der Kriege, die noch immer geführt werden. In seinen Briefen freilich äußert er sich nur selten über das Elend Europas.[114]

Gelegentlich nennt sich Nicolaus Stenonis einen Adoptivsohn der Societas Jesu,[115] damit sein enges und herzliches Verhältnis zum führenden Orden der Restauration kennzeichnend. Doch ein Politiker der katholischen Kirche ist Nicolaus Stenonis nicht; eher schon ihr Werkzeug. Was ihm an Gottfried Wilhelm Leibniz in religiösen Dingen mißfällt, geht ihm ab: die Kühle des Verstandes.[116] Durch Einfachheit, Bedürfnislosigkeit und Lauterkeit des eigenen Lebens sucht Nicolaus Stenonis Vorbild zu sein.

114. Brief N. Stenonis an Cosimo III. vom 21. 6. 1672. – In: Epistolae, S. 264–266.

115. Brief N. Stenonis an K. de Noyelle vom 31. 7. 1682. – In: Epistolae, S. 540–541.

116. Scherz, G.: Niels Stensens Briefwechsel. – In: Epistolae, S. 68.

Hochgeschätzt ist seine Fähigkeit, einzelne Seelen zur Konversion zu führen. Doch immer dann, wenn Nicolaus Stenonis gegen seinem Ideal widersprechende Interessen und Praktiken des Klerus angeht, stößt er auf hartnäckigen Widerstand, ist er das Ziel von Intrigen, denen er in seiner Lauterkeit nicht gewachsen ist.

Es ist nicht verwunderlich, wenn der in seinem bischöflichen Amt unbequeme, glück- und erfolglose Konvertit bald nach seinem Tode der Vergessenheit anheimfällt.

Die Leistungen des Anatomen und Naturforschers wirken fort; der Nachruhm des katholischen Weihbischofs beruht letztendlich auf dem überragenden Ruf des Gelehrten. Auch heutigentags ist Nicolaus Stenonis für die katholische Kirche noch immer „der viel gerühmte Naturforscher und kaum bekannte Bischof“.[117]

De solido intra solidum

Keine der wissenschaftlichen Abhandlungen Nicolai Stenonis findet eine solch nachhaltige Aufmerksamkeit der Zeitgenossen, wie sein *„De solido intra solidum naturaliter contento Dissertationis Prodromus“*. Und in der Tat gehört die kleine Schrift zu den bedeutendsten Zeugnissen geologischen, paläontologischen, mineralogischen und kristallographischen Denkens im 17. Jahrhundert.

Erschienen ist der *„Dissertationis Prodromus“* spätestens im April 1669, in jenem Frühling, in dem Nicolaus Stenonis die Umgebung von Innsbruck durchstreift, um neues Material für *„De solido intra solidum“* zu sammeln.

117. 1986. Niels Stensen, Forscher und Bischof, 1638–1686. Ein gemeinsamer Kalender der Bistümer Kopenhagen, Osnabrück, Hildesheim, Münster und Paderborn. – Osnabrück: Verlag Dom Bücherstube 1985, Vorwort der Redaktion.

Im Mai 1669 jedenfalls verteilt Giovanni Guglielmo Riva zehn Exemplare in Rom[118]; eines erhält Athanasius Kircher[119]. Über die Empfänger der restlichen neun haben wir kein sicheres Zeugnis.

Im gleichen Jahr erhalten Adrien Azout in Frankreich[120], John Ray[121] und vermutlich auch William Croone[122] in England den „*Dissertationis Prodromus*". Wir können annehmen, daß auch Thomas Bartholin in Dänemark, Jan Swammerdam in den Niederlanden, Melchisédec Thévenot in Frankreich sowie Nicolai Stenonis Freunde in Florenz, Bologna und Rom das Büchlein erhalten.[123]

Wie Gottfried Wilhelm Leibniz in seinen Besitz kam, ist ungewiß. Denkbar ist, daß er erst 1671 in Paris im Umkreis der Académie Royale des Sciences auf die Schrift aufmerksam wurde.[124]

Unbekannt ist auch, wieviel Exemplare der heute so seltene Erstdruck des „*Dissertationis Prodromus*" zählte; jedenfalls erscheint bereits 1679 in Leiden ein unveränderter Nachdruck der Florentiner Ausgabe.[125]

In England findet die Abhandlung durch eine 1671 vom Se-

118. Vgl. Scherz, G.: Niels Stensens Briefwechsel. – In: Epistolae, S. 31.

119. Brief N. Stenonis an A. Kircher vom 12. 5. 1669. – In: Epistolae, S. 208.

120. Brief A. Azouts an M. Malpighi vom 23. 8. 1669. Vgl. Epistolae, S. 217.

121. J. Ray bezieht sich wiederholt auf N. Stenonis (vgl. Fußnote 238). A. Noe-Nygaard ist der Meinung, J. Ray habe die englische Übersetzung von „De solido intra solidum" (vgl. Fußnote 126) benutzt. Vgl. Noe-Nygaard, A.: Steno and Ray, Two Geologists and Men of Faith. – A. a. O., S. 165, Anm. 12.

122. Mit W. Croone stand N. Stenonis im Briefwechsel; erhalten geblieben ist jedoch nur ein früherer Brief. Vermutlich hat W. Croone die englische Übersetzung von „De solido intra solidum" durch H. Oldenburg initiiert. Vgl. Scherz, G.: Niels Stensen. Denker und Forscher im Barock. – A. a. O., S. 55.

123. Unter den Empfängern waren auf jeden Fall V. Viviani, F. Redi und M. Malpighi.

124. „De solido intra solidum" ist Gegenstand der Gespräche zwischen N. Stenonis und G. W. Leibniz gewesen (vgl. Fußnote 235).

125. Stenonis, N.: De solido intra solidum naturaliter contento Dissertationis Prodromus. – Lugduni Batavorum MDCCLXIX.

kretär der Royal Society of London, Henry Oldenburg (1618–1677), besorgte Übersetzung Verbreitung. Sie trägt den Titel „*The Prodromus to A Dissertation Concerning Solids Naturally Contained within Solids*"[126].

Auf nur sechsundsiebzig Folioseiten gibt Nicolai Stenonis „*De solido intra solidum*" einen gedrängten Abriß aller jener Erkenntnisse, die er innerhalb weniger Monate bei seinen Wanderungen durch die Toskana gewonnen hat. Immer wieder betont Nicolaus Stenonis den vorläufigen Charakter seiner dem Großherzog Ferdinando II. gewidmeten Schrift.[127] Die Dedikation ist keine der in jener Zeit üblichen Huldigungen für einen Mäzen, dessen Aufmerksamkeit man auf sich zu lenken bestrebt ist. Nicolaus Stenonis fühlt sich dem Großherzog zur Rechenschaft über geleistete Forschungsarbeit verpflichtet; von ihm schließlich erhielt er den Auftrag. Deshalb entschuldigt er sich, weil er mit seinen Untersuchungen noch nicht zu Ende gekommen ist. Immer wieder plagen ihn Zweifel ob der Richtigkeit gezogener Schlüsse: „*Ich möchte sagen, daß jene Zweifel den Köpfen der Lernäischen Hydra gleichen, da sogleich unzählige andere nachwachsen, wenn einer von ihnen ausgetilgt wird; wenigstens fand ich mich gewissermaßen in einem Labyrinth umherirrend, wo man um so größere Bögen beschreibt, je näher man an den Ausgang kommt.*"[128]

Nicolaus Stenonis plante, seine Abhandlung in vier Teile zu gliedern. Im ersten Teil wollte er die Geschichte und die Nützlichkeit des Problems darstellen;[129] im zweiten das allgemeine Problem behandeln, nämlich bei „*einem mit bestimmter Gestalt versehenen und gemäß den Naturgesetzen erzeugten*

126. Steno, N.: The Prodromus to A Dissertation Concerning Solids Naturally Contained within Solids. Translated by Henry Oldenburg. – London MDCLXXI.

127. *Prodromus, S. 1–4* (S. 17–20).

128. *Prodromus, S. 3* (S. 18).

129. *Prodromus, S. 5* (S. 20).

Körper in dem Körper selbst Beweise zu finden, die den Ort und die Art seiner Erzeugung offenbaren."[130] Im dritten Teil wollte er sich mit den einzelnen festen Körpern befassen, die von Natur aus in anderen festen Körpern eingeschlossen sind;[131] im vierten Teil schließlich die verschiedenen erdgeschichtlichen Zustände der Toskana erörtern und die Art der Sintflut, „*die den Gesetzen für die Bewegung der natürlichen Körper nicht widerspricht*"[132].

Dieser beabsichtigten Viergliederung folgt Nicolaus Stenonis auch im „*Dissertationis Prodromus*", der gewissermaßen ein ausführliches Referat der eigentlichen Abhandlung ist. Die Einleitung zum „*Dissertationis Prodromus*" ist von eigener Poesie; schöner lassen sich die Mühen und Freuden naturwissenschaftlicher Forschung wahrlich kaum zum Ausdruck bringen.

Gedankliche Grundlagen

Nicolaum Stenonis bewegt die Frage, ob die umstrittenen Glossopetrae einst Zähne von Haifischen waren; sie ist ihm gleichbedeutend mit jener, ob alle diejenigen Körper, „*die solchen aus dem Meere ähnlich sind, aber fern vom Meer aufgefunden werden, einst im Meere hervorgebracht wurden*".[133]

Doch da gibt es auch feste Körper, die solchen ähneln, „*die in süßen Gewässern, in der Luft und in anderen flüssigen Stoffen wachsen*",[134] und solche, die eine bestimmte Gestalt haben und „*sonst in Flüssigkeiten vor unseren Augen wachsen*".[135]

Nicht die Glossopetrae und andere tierische oder pflanzli-

130. *Prodromus, S. 5–6* (S. 21).
131. *Prodromus, S. 6* (S. 21).
132. *Prodromus, S. 6* (S. 21).
133. *Prodromus, S. 8* (S. 23).
134. *Prodromus, S. 8* (S. 23).
135. *Prodromus, S. 8* (S. 23–24).

che Reste allein erregen Nicolai Stenonis Aufmerksamkeit; auch jene festen Körper, die man *„corpora angulata"*[136] nennt, und von denen er durch Experimente weiß, daß sie aus Flüssigkeiten wachsen können.[137]

Nicolaus Stenonis begreift, wie vielschichtig das Problem ist. Um entscheiden zu können, wie ein fester Körper entstanden ist, meint er, untersuchen zu müssen, ob der Fundort eines natürlichen festen Körpers mit dem Ort seiner Entstehung übereinstimmt. Deshalb *„mußte die Natur sowohl desjenigen Ortes untersucht werden, in dem man die betreffenden Körper findet, als auch desjenigen Ortes, in dem er entstanden ist"*.[138]

Viele Fragen also müssen Antwort finden, *„um einer einzigen Frage Genüge zu tun"*.[139] Nicolaus Stenonis hält dafür, dabei genau zu unterscheiden, *„zwischen dem, was mit Sicherheit nicht bestimmt werden kann, und dem, was mit Sicherheit bestimmt werden kann"*.[140]

136. Ursprünglich galt der antike Begriff „Kristall" nur für den Bergkristall. Andere Minerale, die eine geometrische Gestalt aufweisen, wurden „corpora angulata" – „gewinkelte Körper" – genannt. Seit dem Ende des 16. Jahrhunderts fand der antike Kristallbegriff auch Anwendung auf künstlich erzeugte Salzkristalle; auf Minerale wurde er erst Anfang des 18. Jahrhunderts übertragen. N. Stenonis hielt sich an diese begriffliche Unterscheidung, nannte Mineralkristalle jedoch „angulata corpora". Vgl. Fabian, E.: Die Entdeckung der Kristalle. Der historische Weg der Kristallforschung zur Wissenschaft. – Leipzig: Deutscher Verlag für Grundstoffindustrie 1986.

137. In „Canis Carchariae dissectum Caput" (vgl. Fußnote 49) schreibt N. Stenonis: „Wenn die flüchtigen Teilchen der Flüssigkeit allmählich verdampfen konnten, dann sollte, da das Verhältnis des Auflösenden zum Aufgelösten sich geändert hat, ein Quantum des aufgelösten festen Körpers sich niederschlagen, das dem Quantum des verdampften Auflösers entspricht. Die Erfahrung zeigt dies häufig, sowohl an den Flüssigkeiten, welche Staub eines festen Körpers enthalten, als auch jenen, in welchen Elemente eines festen Körpers vorkommen. Auf die erste Weise werden Salzkristalle aus Salzwasser ausgeschieden, auf die zweite Weise Weinstein aus Wein . . .". Deutsch zitiert nach Scherz, G.: Pionier der Wissenschaften, Niels Stensen in seinen Schriften. – København: Munksgaard 1963, S. 195.

138. *Prodromus, S. 8–9* (S. 24).

139. *Prodromus, S. 9* (S. 24).

140. *Prodromus, S. 9* (S. 24).

Mit Sicherheit läßt sich bestimmen, was ein fester Körper ist. Ihm als Atomistiker ist ein natürlicher Körper *„ein Haufe von unfühlbaren Teilchen, zugänglich für Einflüsse, die von einem Magneten, vom Feuer und manchmal auch vom Licht entspringen und bei dem sich irgendwie entweder zwischen den Teilchen oder in den Teilchen selbst oder an beiden Stellen offene Wege auffinden lassen.“*[141] Dabei sind ein fester und ein flüssiger Körper darin verschieden, *„daß bei einem flüssigen die unfühlbaren Teilchen in beständiger Bewegung sind und sich voneinander entfernen, bei einem festen dagegen die unfühlbaren Teilchen sich zwar vielleicht manchmal bewegen, aber kaum je voneinander entfernen, solange jener feste Körper fest und ganz bestehen bleibt“*.[142]

Nun läßt sich auch angeben, wie ein fester Körper entsteht: *„Während sich ein fester Körper bildet, bewegen sich seine Teilche von einer Stelle an eine andere“*,[143] wozu freilich eine Bewegungsursache nötig ist. Nicolaus Stenonis kennt drei solcher Ursachen: *„die Bewegung des Fluidums, das alle Körper durchströmt“*,[144] wodurch Körper auf natürliche Weise entstehen; *„die Bewegung lebender Wesen“*[145] — insbesondere eine durch den Menschen hervorgerufene Bewegung, wobei Körper auf künstliche Weise entstehen; und schließlich *„eine erste und unbekannte Ursache der Bewegung“*[146].

Für Nicolaum Stenonis ist also die Entstehung eines natürlichen festen Körpers das Ergebnis einer Bewegung von unfühlbaren Teilchen, die durch das durchdringende Fluidum verursacht wird, wobei ferner auch die Materie des festen Körpers und der Ort seiner Entstehung betrachtet werden muß.

141. *Prodromus, S. 10* (S. 25).
142. *Prodromus, S. 10* (S. 25—26).
143. *Prodromus, S. 11* (S. 26).
144. *Prodromus, S. 11* (S. 26).
145. *Prodromus, S. 11* (S.-26).
146. *Prodromus, S. 11* (S. 26).

Mit diesen Überlegungen, die *„alle Anhänger aller Schulen"* anerkennen sollten, *„sowohl die in allem Neuerungssüchtigen, wie auch die Anhänger älterer Meinungen"*,[147] schafft sich Nicolaus Stenonis eine gedankliche Grundlage für die Beurteilung dessen, was bei der Entstehung fester Körper mit Sicherheit bestimmt werden kann. Und er folgert sogleich daraus:

„Wenn ein fester Körper von einem anderen festen Körper allseits umgeben wird, so ist derjenige von ihnen zuerst hart geworden, welcher bei der gegenseitigen Berührung auf seiner Oberfläche die Eigenschaften der Oberfläche des anderen Körpers ausdrückt ...

Wenn ein fester Körper einem anderen festen Körper nicht nur was die Bedingungen der Oberfläche anlangt, sondern auch bezüglich der Anordnung der Teile und Teilchen im Innern in allem ähnlich ist, so wird er ihm auch hinsichtlich der Art und des Ortes der Erzeugung ähnlich sein ...

Wenn ein fester Körper nach den Naturgesetzen entstanden ist, so ist er aus einer Flüssigkeit entstanden."[148]

Dieser letzte Satz ist so überraschend nicht, denn er ist folgerichtig: Wenn nämlich ein fester Körper, dessen unfühlbare Teilchen sich nicht oder nur wenig bewegen, durch eine Bewegung eben dieser Teilchen hervorgebracht wird, so muß er aus einer Flüssigkeit entstanden sein, in der sich ja die unfühlbaren Teilchen ständig bewegen. Nicolao Stenonis ist dies eine durch eigene Beobachtungen und Experimente fundierte Schlußfolgerung; an eine Entstehung fester Körper durch Sublimation freilich denkt er anscheinend nicht.

Die Kenntnisse des erfahrenen Anatomen zwingen geradezu zur klaren Unterscheidung von anorganischem und organischem Wachstum. Manche festen Körper bilden sich

147. *Prodromus, S. 10* (S. 25).
148. *Prodromus, S. 15–18* (S. 30–32).

durch äußerliche Anlagerung unfühlbarer Teilchen aus einer äußeren Flüssigkeit;[149] andere durch innerliches Wachstum, wobei die unfühlbaren Teilchen aus einer inneren Flüssigkeit aufgenommen werden[150].

Nichts also liegt Nicolao Stenonis näher, als die Bildung fester Körper auf ein einheitliches theoretisch-methodologisches Prinzip zurückzuführen:

„Wenn nun jeder feste Körper wenigstens aus einer Flüssigkeit gewachsen ist, wenn Körper, die sich in allem gleichen, auch auf ähnliche Weise entstanden sind, wenn von zwei sich berührenden festen Körpern derjenige zuerst hart wurde, der an seiner Oberfläche die Eigenschaften der Oberfläche des anderen Körpers zeigt, so wird es leicht sein, über den Entstehungsort eines festen Körpers eine bestimmte Aussage zu machen, wenn der Körper selbst bekannt ist und auch der Ort, an dem er sich befindet. Und das ist der Grundgedanke der Schrift über die festen Körper, die in anderen festen Körpern eingeschlossen sind.“[151]

Diese bündige Aussage ist für das Verständnis des *„Dissertationis Prodromus“* schlechthin grundlegend, setzt sie doch experimentelle Studien und Beobachtungen in der Natur gleichermaßen voraus.

Erdschichten

Nicolaus Stenonis sieht die Natur mit den Augen des Anatomen; geübt, Besonderheiten, Unterschiede und Zusammenhänge zu erfassen. Genaue Beobachtung läßt ihn Inkrustationen, Krusten und Sedimente unterscheiden.[152]

149. *Prodromus, S. 18–19* (S. 33).
150. *Prodromus, S. 19–23* (S. 33–37).
151. *Prodromus, S. 24* (S. 38).
152. *Prodromus, S. 25–28* (S. 38–41).

Erdschichten

„Zu den Sedimenten der Flüssigkeiten gehören die Erdschichten“[153], deren pulverförmige Materie nicht anders in diese Form gebracht worden sein kann. *„Sedimente kommen ... zustande, während die in einer Flüssigkeit enthaltenen Bestandteile durch ihre eigene Schwere zu Boden sinken, mögen nun diese Bestandteile anderswoher dahin gebracht oder von den Teilchen der Flüssigkeit selbst allmählich ausgeschieden worden sein“*[154].

Felsschicht nennt Nicolaus Stenonis ein Sediment, wenn *„alle Teilchen gleiche Natur besitzen und auch fein sind“*[155]. Dabei *„läßt sich keinesfalls in Abrede stellen, daß diese Schicht zur Zeit der Schöpfung entstanden ist aus der Flüssigkeit, die damals alles bedeckte ...“*[156] Felsschichten, frei von Tier- oder Pflanzenresten, sind ihm die Unterlage für jüngere Sedimente; dem vergleichbar, was späterhin uranfängliches, Ur-Gebirge genannt werden wird.[157]

Je nach Beschaffenheit des Materials und der Herkunft enthaltener Tier- oder Pflanzenreste unterscheidet Nicolaus Stenonis Meeressedimente von Flußablagerungen; kohlige und aschehaltige Schichten deuten auf einen nahen Erdbrand hin.[158]

Nicolaus Stenonis stellt einen Wechsel der Fazies fest; nicht nur von Schicht zu Schicht[159], auch innerhalb ein und derselben Schicht, denn ist *„an der gleichen Stelle das Material der Schichten verschieden“*, so befand sich *„im gleichen Sediment ... Materie von verschiedener Schwere, so daß die schwe-*

153. *Prodromus, S. 26* (S. 40).
154. *Prodromus, S. 27* (S. 41).
155. *Prodromus, S. 28* (S. 41).
156. *Prodromus, S. 28* (S. 41).
157. Vgl. Werner, A. G.: Kurze Klassifikation und Beschreibung der verschiedenen Gebirgsarten. – Dresden 1787, S. 4.
158. *Prodromus, S. 28–29* (S. 42)
159. Vgl. Hölder, H.: Geologie und Paläontologie in Texten und in ihrer Geschichte. – Freiburg, München: Verlag Karl Alber 1960, S. 25.

ren Teile zuerst und dann erst die leichteren zu Boden sanken“[160]. Den Terminus Fazies allerdings gebraucht er nur zur Unterscheidung der Abfolge verschieden alter Schichten.[161]

Schwierigkeiten bereiten ihm Felsschichten, die Erdschichten zwischengelagert sind. Sie können auch entstehen, wenn „*bisweilen Eruptionen unterirdischer Ausdünstungen stattfanden . . .*“[162], doch bleibt ungewiß, ob Nicolaus Stenonis wirklich an vulkanische Ablagerungen denkt; einen tätigen Vulkan sieht er erst nach der Niederschrift des „*Dissertationis Prodromus*“. Marmore und den Granit übrigens stellt er zu „*den durch Ausfüllung entstandenen Körpern*“[163].

Nicht verwunderlich ist, wenn Nicolaus Stenonis an die biblische Schöpfung gleichermaßen wie an die Sintflut glaubt; das liegt in der Zeit und nicht an seiner Konversion.[164] Wesentlich ist nur, daß die Erde für Nicolaum Stenonis eine Geschichte hat, die mit der Bildung der uranfänglichen Felsschichten beginnt und wenigstens bis zur Gegenwart reicht; eine Geschichte, die sich wissenschaftlich erforschen läßt: „*Zur Zeit der Entstehung einer Schicht war die ganze darauflagernde Materie flüssig, so daß bei der Bildung der untersten Schicht keine der oberen Schichten vorhanden war*“[165]; und: „*Zu der Zeit, als eine der oberen Schichten entstand, hatte die untere Schicht bereits feste Konsistenz erlangt*“[166].

Während zur Zeit der Bildung einer Schicht ihre Oberfläche dem Horizont parallel war, paßte sie sich mit ihrer Unter-

160. *Prodromus, S. 29* (S. 42).

161. Genauer gesagt, verwendete N. Stenonis den Terminus Fazies für die Folge: Ablagerung — Trockenlegung und Bildung großer Hohlräume — Gebirgsbildung durch Einbruch der Hohlräume (vgl. Fußnote 218).

162. *Prodromus, S. 29* (S. 43).

163. *Prodromus, S. 24* (S. 37)

164. Vgl. Blei, W.: Erkenntniswege zur Erd- und Lebensgeschichte, Ein Abriß. — Berlin: Akademie-Verlag 1981, S. 247.

165. *Prodromus, S. 30* (S. 43).

166. *Prodromus, S. 30* (S. 43).

seite dem Relief der Unterlage, seitlich dem anderer fester Körper an, die *„die Materie der Schichten am Wegströmen verhinderte“*[167]. Wenn Nicolaus Stenonis freiliegende Schichtköpfe vorfindet, sucht er demzufolge selbstverständlich nach der Fortsetzung der Schicht oder nach dem seitlich begrenzenden festen Körper, der den Sedimentationsraum gleichsam einschließt.[168] Bei ungestörter Lagerung müssen *„mit Ausnahme der untersten alle Schichten zwischen zwei dem Horizont parallelen Ebenen lagern“*[169].

Auf diese Weise beschreibt Nicolaus Stenonis mit seinen Worten das Lagerungsgesetz der Sedimentgesteine, nach dem bei ungestörter Lagerung eine tieferliegende Schicht stets älter ist als die ihr folgende höherliegende Schicht. Ohne ihn zu nennen, widerspricht Nicolaus Stenonis dem Scholastiker Albert von Sachsen (um 1316—1390), der meinte, die Meeresablagerungen würden immer tiefer sinken, durch den Schwerpunkt der Erde hindurchwandern und in umgekehrter Folge auf der anderen Hemisphäre wieder zu Tage treten und schließlich Berge bilden.[170]

Findet Nicolaus Stenonis hingegen senkrecht stehende, schief zum Horizont geneigte oder bogenförmig gekrümmte Schichten[171], weiß er, muß es sich um eine spätere Lageänderung handeln. Deren Ursache erklärt er durch das Einwirken von Wasser oder Feuer. *„Dadurch entstehen auf der Erdoberfläche Abgründe, Kanäle und Mulden, in den Eingeweiden der Erde jedoch unterirdische Hohlräume und Grotten, bei welcher Gelegenheit Erdschichten auf zweierlei Weise ihre Lage ändern konnten.*

167. *Prodromus, S. 30* (S. 43).
168. *Prodromus, S. 30* (S. 43).
169. *Prodromus, S. 30* (S. 44).
170. Vgl. Hölder, H.: Geologie und Paläontologie in Texten und in ihrer Geschichte. — A. a. O., S. 19—20.
171. *Prodromus, S. 32* (S. 45).

Die erste Art ist ein heftiges Hinausschleudern der Schichten ... Die andere Art ist ein plötzliches Herabgleiten oder ein Einsturz der oberen Schichten, wenn sie nach Wegführung der unten befindlichen Materie ... allmählich Risse bekommen haben.“[172]

Die Entstehung der Berge

Die veränderte Lagerung der Schichten gibt eine leichte Erklärung für solche schwierigen Fragen, wie die Entstehung von Bergen und Tälern, von Becken der oberirdischen Gewässer, von Ebenen an hohen und tiefen Stellen. Nicolaus Stenonis begnügt sich im „*Dissertationis Prodromus*“ damit, einiges über die Entstehung der Berge beizubringen.

Die Hauptursache für die Entstehung der Berge sieht Nicolaus Stenonis in der veränderten Lage der Schichten, wie man sie in jedem Gebirge sehen kann. Für diese Erklärung sprechen gewaltige Ebenen auf dem Scheitel mancher Berge; viele dem Horizont parallele Schichten; von den Flanken der Berge auslaufend mannigfaltige, verschieden zum Horizont geneigte Schichten; auf gegenüberliegenden Abhängen abgebrochene Schichten, die eine völlige Übereinstimmung von Materie und Gestalt haben; nackte Säume von Schichten; zertrümmerte Schichten am Fuße der Gebirge, teils zu Hügeln aufgehäuft, teils weit über das Land verstreut.[173]

Nicolaus Stenonis beobachtet auch, entweder „*auf den Felsbergen selbst, oder in der Nähe die deutlichsten Anzeichen von unterirdischem Feuer, wie denn auch im Gebiet von Hügeln, die aus Erdschichten zusammengesetzt sind, häufig Gewässer anzutreffen sind*“[174]. „*Auch auf andere Weise können Berge entste-*

172. *Prodromus, S. 31* (S. 44–45).
173. *Prodromus, S. 32–33* (S. 45).
174. *Prodromus, S. 33* (S. 45–46).

hen, so durch den Auswurf von Feuer, das Asche und Felsen mit Schwefel und Erdpech ausschleudert; ferner durch Regengüsse und die Tätigkeit von Gießbächen, durch welche Felsschichten ... in Abgründe gestürzt werden.“[175]

Wiederum unterscheidet Nicolaus Stenonis deutlich zwischen Fels- und Erdschichten. Seine Beobachtungen und Schlußfolgerungen sind so genau, daß sie uns zweifeln lassen, ob er sich Fels- und Erdschichten auf die gleiche Weise aus einer Flüssigkeit entstanden denkt. Denn er folgert aus seinen Beobachtungen, „*daß es in letzter Linie zwei Arten von Bergen und Hügeln gibt, nämlich eine, die von Schichten gebildet wird und wieder in zwei Abteilungen zerfällt, da bei manchen Felsschichten, bei anderen Erdschichten vorherrschen, und eine andere Art, die aus Bruchstücken von Schichten und abgerissenen Teilen durcheinander und ohne Ordnung besteht*“[176]. Zum mindesten unterscheidet Nicolaus Stenonis ganz klar zwischen primären und sekundären Gesteinen.

Dabei aber bleibt Nicolaus Stenonis nicht stehen; seine historische Denkweise läßt ihn den Satz schreiben: „*Alle heute vorhandenen Berge bestanden nicht vom Anfang der Dinge an.*“[177] Damit löckt Nicolaus Stenonis wider den Stachel; die herrschende Denkungsart ist doch, daß alles Gegenwärtige unverändert so ist, wie es Gott geschaffen hat.

Im gleichen Atemzuge polemisiert Nicolaus Stenonis, ohne den Namen zu nennen, gegen die Meinung Athanasius Kirchers, die Berge seien das Skelett der Erde, und auch gegen den Irrtum, sie könnten wie .Lebewesen wachsen. Er stellt klar, sie hätten „*mit Tierknochen höchstens eine gewisse Ähnlichkeit in der Härte*“[178], unterschieden sich von jenen jedoch

175. *Prodromus, S. 33* (S. 46).
176. *Prodromus, S. 33* (S. 46).
177. *Prodromus, S. 33* (S. 46).
178. *Prodromus, S. 34* (S. 46).

in der Materie und nach der Art ihrer Entstehung[179]. Noch fünfundsechzig Jahre später ist Francesco Maria Pompeji Colonna der Überzeugung *„daß die Berge wachsen und daß ihre sichtbaren Teile auf der Erde wie Bäume gewachsen sind“.*[180]

Berge wachsen nicht, sagt Nicolaus Stenonis, doch *„Berge können zerstört werden und ... Berggipfel können emporgehoben und erniedrigt werden; die Erde öffnet und schließt sich wieder und andere derartige Dinge ereignen sich, welche man beim Lesen der Berichte für Märchen hält, um nicht als leichtgläubig zu gelten“*[181].

Nicolaus Stenonis sieht die Landschaften, die er durchwandert, nicht als ein unveränderlich Gegebenes; sie erschließen sich ihm als ein geschichtlich Gewordenes. Die Mittel, der Erdgeschichte auf die Spur zu kommen, gibt ihm die Beobachtung der sich vor seinen Augen vollziehenden Veränderungen in die Hand: *„... Land kann von einer Seite auf die andere gebracht werden, mitten durch einen öffentlichen Weg ...“*[182]

Agentien solcher Veränderungen sind ihm die in den Bergen zirkulierenden Gewässer, die Luft, luftförmige Flüssigkeiten, stinkende Ausdünstungen, heiße Gase des Feuers und auch kalte.[183]

Auch Gesteine und Minerale entstehen: *„Die meisten Mineralien, mit denen sich die menschliche Arbeit befaßt, waren vom Anfang der Dinge an nicht vorhanden.“*[184] Die Untersuchung der Gesteine gibt ihm Aufschluß über vieles, was er bei der

179. *Prodromus, S. 34* (S. 46–47).

180. Zitiert nach Hölder, H.: Geologie und Paläontologie in Texten und in ihrer Geschichte. – A. a. O., S. 32.

181. *Prodromus, S. 34* (S. 47).

182. *Prodromus, S. 34* (S. 47).

183. *Prodromus, S. 34–35* (S. 47).

184. *Prodromus, S. 36* (S. 49).

Untersuchung der Minerale selbst vergebens sucht, *„da es mehr als wahrscheinlich ist, daß alle jene Mineralien, die die Hohlräume, Risse und Spalten der Felsen ausfüllen, als Material Dämpfe haben, die aus den Felsen stammen"*[185]. Sie können entstanden sein, bevor sich die Lage der Schichten veränderte, oder auch danach, weshalb Nicolaus Stenonis es für möglich hält, daß *„an der Stelle, wo ein Erz erschöpft ist, neues Erz nachwachsen"*[186] kann; ein Gedanke, der den Großherzog besonders erfreut haben dürfte.

Angulata corpora

Diesen Gedanken, der ja auch dem Auftrag Ferdinandos II. entspricht, verfolgt Nicolaus Stenonis weiter; ihn beschäftigen besonders jene merkwürdigen geometrisch gestalteten Minerale, die man *„corpora angulata"* oder – wie er – *„angulata corpora"*[187] nennt. Vor ihm hat sich noch kaum jemand ernsthaft mit der Beschreibung und Erklärung dieser Naturkörper befaßt.

Da die meisten Minerale *„vom Anfang der Dinge an nicht vorhanden"*[188] waren, sollte sich lohnen zu erforschen, meint Nicolaus Stenonis, wie sie entstehen. Am besten läßt sich das aus der Untersuchung der *„angulata corpora"* erfahren; sie sind gleichsam die Vollkommenheit der Minerale. Nicolaus Stenonis untersucht die Entstehung des Bergkristalls, des Eisenglanzes, des Diamants und des Pyrits. Vorbild für alle übrigen ist ihm der Bergkristall, seit altersher Inbegriff höchster Reinheit und Klarheit.

185. *Prodromus, S. 36.* (S. 49).
186. *Prodromus, S. 36* (S. 49).
187. *Prodromus, S. 19, 23* (S. 33, 37).
188. *Prodromus, S. 36* (S. 49).

Außer Frage steht ihm, daß alle Angaben, die er bei anderen Autoren über die Entstehung des Bergkristalls gelesen hat, unrichtig sind; *„denn weder die von ihnen angegebenen Strahlungen, noch eine Gestalt der Teilchen, die der Gesamtgestalt ähnlich ist, ... sowie andere derartige Dinge entsprechen der Erfahrung ...“*[189].

Um keine Verwirrung zu stiften, hält Nicolaus Stenonis es für angebracht, die Teile des Bergkristalls zu benennen:

„Der Bergkristall besteht aus zwei sechsseitigen Pyramiden und einer dazwischen liegenden, ebenfalls sechsseitigen Säule, wobei ich „äußere Körperwinkel“ diejenigen nenne, welche die Spitzen der Pyramiden bilden, „mittlere Körperwinkel“ diejenigen, welche bei dem Zusammentritt von Pyramiden und Säulen entstehen, und in gleicher Weise die Pyramidenflächen „äußere Flächen“ (Endflächen) und die Säulenflächen „mittlere Flächen“ (Seitenflächen); „Basisebene“ ist eine zu allen Seitenflächen senkrechte Schnittfläche, „Achsenebene“ ist eine Schnittfläche, in der sich die Achse des Kristalls befindet, die aus der Pyramidenachse und der Säulenachse zusammengesetzt wird.“[190]

Nicolao Stenonis gelingt eine nachgerade mustergültige morphologische Beschreibung des Bergkristalls, wie sie vor ihm niemand gegeben hat. Obgleich er nicht zu entscheiden wagt, wie die erste Umgrenzung des Bergkristalls entstanden ist, kann er einiges über die Stelle aussagen, an der sich *„neue Kristallmaterie ansetzt“*[191]:

„I. Der Bergkristall wächst, indem sich an die außen befindlichen Flächen des bereits umgrenzten Bergkristalls neue Kristallmaterie ansetzt. Es ist daher durchaus kein Raum für die Ansicht, daß die Bergkristalle nach Art der Pflanzen wachsen und mit der Seite Nahrung aufnehmen, mit welcher sie ihrer Unterlage auf-

189. *Prodromus, S. 37* (S. 50).
190. *Prodromus, S. 37–38* (S. 50).
191. *Prodromus, S. 39* (S. 51).

liegen; ebenso ist falsch, daß aus dem Fluidum des Felsens Teilchen in das Fluidum des Bergkristalls aufgenommen werden und sich im Innern an die Teilchen des Bergkristalls anlagern.

II. Diese neue Kristallmaterie setzt sich nicht auf allen Flächen an, sondern hauptsächlich nur auf den Flächen der Spitze oder auf den Endflächen . . .

III. Die Anlagerung neuer Kristallmaterie geschieht weder an allen äußeren Flächen gleichzeitig, noch in gleicher Menge . . .

IV. Nicht immer bedeckt sich die ganze Fläche mit Kristallmaterie, sondern es bleiben unbedeckte Stellen zurück . . .“[192]

Mit diesen wenigen Sätzen gründet Nicolaus Stenonis sein Verständnis von der Gestalt des Bergkristalls auf wohlüberlegte, wenngleich nicht immer richtige Vorstellungen über sein Wachstum. Nicolaus Stenonis beobachtet wirklich das Wachstum, freilich nicht am Bergkristall: „*Die Flüssigkeit nun, in der der Bergkristall entsteht, verhält sich zum Bergkristall so, wie gewöhnliches Wasser zu den Salzen . . .*“[193] Wir wissen, daß Nicolaus Stenonis selbst Wachstumsversuche ausgeführt hat;[194] die seinerzeit übliche Unterscheidung von natürlichen und künstlichen Körpern setzte ihm keine Erkenntnisschranke. Die Frage indes, ob die Flüssigkeit, aus der der Bergkristall wächst, wäßrig ist, wagt er nicht zu entscheiden;[195] sie ist in seinem Gedankengang auch nicht wichtig.

Freilich sind nicht alle Überlegungen Nicolai Stenonis schlüssig. Die Anlagerung von Kristallmaterie hauptsächlich auf den Endflächen entspricht nicht den Tatsachen; er deutet die Wachstumsstreifen falsch aus. Dennoch enthält die falsche Deutung einen richtigen Kern: Nicolaus Stenonis erkennt

192. *Prodromus, S.39–42* (S. 51–54)
193. *Prodromus, S. 45* (S. 57)
194. *Prodromus, S. 45* (S. 57); vgl. Fabian, E.: Die Entdeckung der Kristalle. Der historische Weg der Kristallforschung zur Wissenschaft. – A. a. O., S. 46–55.
195. *Prodromus, S. 38* (S. 51)

ganz klar die Richtungsabhängigkeit des Kristallwachstums; die mitgeteilten Beobachtungen über verzerrte Kristallgestalten belegen dies.[196]

Noch bedeutender ist, daß Nicolaus Stenonis sich nicht auf Spekulationen einläßt, wie die *„erste Begrenzung"* des Bergkristalls zustandekommt, sondern das Wachstum eines bereits umgrenzten Kristalls erörtert. Wenn sich nämlich die neue Kristallmaterie parallel zu den bereits vorhandenen Flächen anlagert, müssen die Winkel zwischen zwei Kristallflächen unverändert bleiben. Nicolao Stenonis ist dies so selbstverständlich, daß er diese fundamentale Erkenntnis nur beiläufig in den Erläuterungen zu den beigefügten Figuren erwähnt.[197]

So, wie Nicolaus Stenonis beim experimentellen Studium des Wachstums von Salzen gewonnene Einsichten auf das Wachstum des Bergkristalls überträgt, vergleicht er nun seine Beobachtungen an anderen *„angulata corpora"* mit dem Bergkristall.

Der Eisenglanz, stellt Nicolaus Stenonis fest, unterscheidet sich vom Bergkristall lediglich in der Materie und in der geometrischen Gestalt.[198] Drei verschiedene Formen kann er unterscheiden. *„Die erste ist eben und in der Mitte dicker; nach außen hin wird sie allmählich dünner und endet allseitig in eine scharfe Kante. Die zweite besteht aus 12 Ebenen, die dritte wird von 24 Ebenen begrenzt."*[199]

Wiederum gelingt Nicolao Stenonis eine bemerkenswerte Entdeckung: Ihm fällt auf, daß durch Abstumpfung der Ekken und bzw. oder Kanten aus der flächenärmeren die flächenreichere Form entsteht.[200] Freilich, die Ableitung selbst ist

196. *Prodromus, S. 41* (S. 53)
197. *Prodromus, Ausschlagtafel* (Erklärung der Figuren, S. 86).
198. *Prodromus, S. 45* (S. 58).
199. *Prodromus, S. 45* (S. 57—58)
200. *Prodromus, S. 47* (S. 58—59).

falsch; doch ist das nicht wichtig. Durch Beobachtung und Experiment weiß Nicolaus Stenonis, die *„angulata corpora"* wachsen weder wie Pflanzen, noch sind sie Spiele der Natur;[201] er weiß, ihre Gestalt ist nicht dem Zufall geschuldet, sondern gesetzmäßig entstanden. Nicolaus Stenonis erkennt den Zusammenhang unterschiedlich flächenreicher Formen der *„angulata corpora"* ein und derselben Materie und findet in der Abstumpfung das Prinzip zur Erklärung ihrer morphologischen Gesetzmäßigkeit. Wenn eine flächenreichere Form durch Abstumpfung von Ecken und bzw. oder Kanten aus einer flächenärmeren entstehen kann, muß auch die Umkehrung gelten. Nicolaus Stenonis findet beim Vergleich des Wachstums der Bergkristalle mit dem der Würfel des Pyrits auch diese Überlegung bestätigt.[202]

So dringt Nicolaus Stenonis trotz manchen Irrtums tief in die Naturgesetzlichkeit der *„angulata corpora"* ein; tiefer als irgendein Gelehrter je zuvor. Was Nicolaus Stenonis über die *„angulata corpora"* mitteilt, zählt zum tiefgründigsten im ganzen *„Dissertationis Prodromus"*. Und er weiß um die Bedeutung seiner Erkenntnisse. Als letzten Satz zu diesem Gegenstand schreibt er: *„Dieser Teil der Physik ist zwar nur von wenigen Männern berührt worden, aber zur wahren Erklärung der natürlichen Vorgänge für alle notwendig."*[203]

Über Fossilien

Bei der Untersuchung der Muscheln ist Nicolaus Stenonis wieder ganz Anatom. Gewissenhaft vergleicht er Gestalt und Struktur frisch aus dem Meer gefischter Muscheln mit sol-

201. *Prodromus, S. 39, 44* (S. 52, 56).
202. *Prodromus, S. 47* (S. 59).
203. *Prodromus, S. 52* (S. 63).

chen, die er an verschiedenen Orten in Erdschichten selbst gefunden hat. Er ist sich seiner Sache so sicher, daß er schreibt: „*Die Betrachtung einer Schale selbst ergibt, daß letztere einst Teile von Tieren waren, die in einer Flüssigkeit lebten, auch wenn man niemals marine Schalentiere zu Gesicht bekommen hätte ...*“[204]

Auch solche Gebilde, die zwar in der Gestalt, nicht aber in der Struktur der Schale Muscheln ähneln, erklärt Nicolaus Stenonis überzeugend. Die „*durchdringende Kraft von Säften*“ zerstörte die Schalen, oder „*sie wurden durch neu hinzuströmende Materie verändert und erfüllten je nach der Verschiedenheit dieser Materie die Hohlräume der Schalen entweder mit Kristallen, mit Marmor oder mit Stein*“[205].

„*Was über die Schalen gesagt wurde*“, meint Nicolaus Stenonis, „*ist ebenso von den anderen Teilen der Tiere zu sagen und von den Tieren selbst, die von der Erde bedeckt sind*“.[206] „*Zähne von Seehunden, Zähne des Adlerfisches, Fischwirbel, alle Arten ganzer Fische, Schädel, Hörner, Zähne, Schenkelknochen und andere Knochen von Landtieren*“,[207] auch „*Pflanzen und Teile von Pflanzen*“[208] seien Reste von Lebewesen.

Die umstrittenen Glossopetrae, die wundersamen „Zungensteine“ von der Insel Malta, als Haifischzähne zu identifizieren, fällt Nicolao Stenonis nicht schwer; darüber hat er gründlich gearbeitet.[209] Einwänden, die die organische Herkunft besonders großer Schenkelknochen, Schädel, Zähne und anderer Knochen bezweifeln, entgegnet er, daß „*1. in unserer Zeit menschliche Körper zu sehen sind, die einen sehr hochragenden Wuchs besitzen; 2. es gewiß ist, daß es einst Menschen*

204. *Prodromus, S. 57* (S. 67).
205. *Prodromus, S. 59* (S. 69).
206. *Prodromus, S. 61* (S. 71).
207. *Prodromus, S. 61* (S. 71).
208. *Prodromus, S. 65* (S. 74).
209. Stenonis, N.: Canis Carchariae dissectum Caput. – A. a. O.

von riesenhafter Größe gab; 3. öfter Knochen von anderen Lebewesen für Menschenknochen gehalten werden; 4. es das gleiche ist, der Natur die Erzeugung von wirklich faserigen Knochen zuzuschreiben, als zu sagen, die Natur könne eine Menschenhand erzeugen, ohne den übrigen Menschen dazu".[210]

Nicolaus Stenonis bewegt sich auf schwankendem Boden; seine Gründe sind so vage, daß Zweifel aufkommt, ob er jemals einen dieser fragwürdigen Funde mit eigenen Augen gesehen hat: sicherlich hätte er ihn ausführlich beschrieben. Doch dem Gedanken an Wunder der Natur gibt Nicolaus Stenonis keinen Raum; selbst dann nicht, wenn er der Legende von einem einstigen Riesengeschlecht Glauben schenkt.

Den Einwand, kein Teil eines Tieres könnte den Unbilden der seit der Sintflut vergangenen Jahre widerstanden haben, entkräftet Nicolaus Stenonis mit dem Hinweis, dies hänge von der Beschaffenheit des Bodens ab, in dem es eingeschlossen sei.[211] Er beweist, daß die unzähligen Muscheln, die man in den Schichten von Volterra findet, schon vorhanden waren, als die ältesten Mauern der Stadt errichtet wurden; er rechnet vor, daß diese Muscheln zur Zeit der Sintflut gelebt und ihre Schalen sich über dreitausend und mehr Jahre erhalten haben könnten.

„Von der Gründung Roms bis auf unsere Zeiten zählen wir zweitausendvierhundertzwanzig Jahre und mehr; und wer wird nicht zugeben, daß mehrere Jahrhunderte verflossen sind, von der Niederlassung der ersten Menschen dortselbst bis die Stadt zu jener Größe anwuchs, deren sie sich bei der Gründung Roms erfreute? Wenn wir zu dieser Zeit jene hinzurechnen, die zwischen der ersten Sedimentbildung des Hügels von Volterra und dem Zeitpunkt liegt, an dem dieser Hügel und seine fremden Zuflüsse

210. *Prodromus, S. 62* (S. 72).
211. *Prodromus, S. 63* (S. 72–73).

vom Meer verlassen wurden, so erreichen wir leicht die Zeiten der Sintflut.

Dieselbe Autorität der Geschichte verbietet zu bezweifeln, daß jene sehr großen Knochen, die bei Arezzo ausgegraben werden, der Zerstörungskraft von neunzehnhundert Jahren widerstanden."[212] Nicolaus Stenonis ist sich sicher, diese Knochen stammen von Elefanten Hannibals (246/47—183 v. u. Z.), die bei der Überquerung der Alpen an sumpfigen Stellen umkamen.[213]

Nicolaus Stenonis verteidigt nicht die Sintflut, indem er ihr die Herkunft fossiler Muschelschalen zuschreibt. Er zeigt lediglich, daß Reste von Tieren über Jahrtausende erhalten bleiben können, denn von keiner anderen Überschwemmung solchen Ausmaßes berichten die Geschichtsschreiber, als eben von der Sintflut.[214] Nicht die biblische Geschichte bemüht Nicolaus Stenonis zum Beweis, sondern die Menschheitsgeschichte und die Erdgeschichte, die ihr vorausging bis zurück zur Sintflut, die ihm freilich ein naturgeschichtliches Faktum ist. „*Wer deshalb die Natur der Örtlichkeit und der Knochen mit der Geschichte in Zusammenhang bringt, dem kann der offensichtliche Zusammenhang in allem nicht länger verborgen bleiben.*"[215]

Erdgeschichte der Toskana

Schlüssel zum Verständnis der Geschichte ist Nicolao Stenonis die Gegenwart: „*Wie der gegenwärtige Zustand einer Sache ihren Zustand in der Vergangenheit aufdeckt, das zeigt vor anderen Toskana deutlich durch sein Beispiel . . .*"[216]

212. *Prodromus, S. 64* (S. 73—74).
213. *Prodromus, S. 64—65* (S. 74).
214. *Prodromus, S. 62* (S. 72).
215. *Prodromus, S. 65* (S. 74)
216. *Prodromus, S. 67* (S. 76).

Mit rascher Hand entwirft er sechs schematische Skizzen, die verdeutlichen, wie er sich die erdgeschichtliche Entwicklung der Toskana denkt.[217] „*Wir erkennen also sechs deutliche Faziesbildungen in Toskana, während es zweimal von Wasser bedeckt, zweimal eben und trocken und zweimal uneben war.*“[218] Zweimal wiederholen sich Ablagerung von Meeressedimenten, Trockenlegung und Auswaschung riesiger unterirdischer Hohlräume und Zusammenbruch der deckenden Schicht.

Überschwang der Entdeckerfreude läßt ihn zu weit gehen; er macht sich anheischig, das, was er in der Toskana sieht, für die ganze Erde zu beweisen.[219]

Mit der Annahme großer Hohlräume setzt sich Nicolaus Stenonis nicht in Widerspruch zur Meinung seiner Zeitgenossen; auch der angesehene Athanasius Kircher meint, es gäbe große Wasserkammern im Innern der Erde.[220] Doch Nicolaus Stenonis kennt große Höhlen, die seine Auffassung augenscheinlich bestätigen. Und tatsächlich zeigt der toskanische Apennin vorwiegend Schollenbau mit großen Einbruchsbekken und jüngeren Füllsedimenten.[221] Merkwürdig ist nur: Nicolaus Stenonis zeichnet in jedem Sedimentationszyklus mehrere Schichten ein – und erklärt sie nicht, obwohl seine Erkenntnisse über die Entstehung der Erdschichten dies erwarten ließen.

Indessen sieht Nicolaus Stenonis eine andere Schwierigkeit. Er ist sich im klaren, seine Erkenntnis der Geschichtlichkeit der Erde rüttelt am Herkömmlichen, rückt in gefährliche

217. Vgl. die Figuren *(Prodromus, Ausschlagtafel)*.
218. *Prodromus, S. 68–69* (S. 78).
219. *Prodromus, S. 69* (S. 78).
220. Kircher, A.: Mundus subterraneus in quo universae naturae majestas et divitae demonstratur. – A. a. O., Liber II, S. 70–74.
221. Vgl. Hölder, H.: Geologie und Paläontologie in Texten und ihrer Geschichte. – A. a. O., S. 26.

Nähe ketzerischer Ideen, wie sie einst Giordano Bruno (1548–1600) vertreten hatte.[222] Geschichtliches Werden schließt geschichtliches Vergehen ein; der status quo der Schöpfung ist in Frage gestellt.

Nicolaus Stenonis beeilt sich zu zeigen, daß seine neuen Ideen in Einklang mit der Bibel stehen. *„Damit aber niemand eine Gefahr von der Neuerung befürchte, werde ich in Kürze die Übereinstimmung der Natur mit der heiligen Schrift auseinandersetzen, indem ich die hauptsächlichen Schwierigkeiten aufzähle, die man bezüglich der einzelnen Faziesbildungen der Erde aufführen kann.“*[223]

Und so stimmen bei der ersten Faziesbildung *„Schrift und Natur ... überein“*[224], bei der zweiten *„schweigt die Natur ..., und die Schrift spricht“*[225]; zur dritten Faziesbildung äußern sich *„weder Natur noch Schrift“*[226], bei der vierten *„steht die weltliche Geschichte nicht im Widerspruch mit einer genauen Erörterung der Angaben der heiligen Schrift“*[227], die fünfte *„beweist die Natur und die Schrift sagt nichts dagegen“*[228], und die sechste Faziesbildung *„nehmen wir mit unseren Sinnen wahr“*[229].

Nicolaus Stenonis bemüht sich redlich; die Sprache, in der man die Natur der Bibel unterwirft, findet er nicht. Geschichtliches Denken läßt ihn nicht los: *„Die höchsten Berge aber, deren die Schrift gedenkt, waren die höchsten jener Berge, die es damals gab, nicht jedoch derjenigen, die wir heute sehen.“*[230]

222. Bruno, G.: La cena delle ceneri.–London MDLXXXIV.
223. *Prodromus, S. 69* (S. 78).
224. *Prodromus, S. 69* (S. 78).
225. *Prodromus, S. 70* (S. 79).
226. *Prodromus, S. 70* (S. 79).
227. *Prodromus, S. 72* (S. 81).
228. *Prodromus, S. 74* (S. 82).
229. *Prodromus, S. 74* (S. 83).
230. *Prodromus, S. 71–72* (S. 80).

Über die Dauer der Erdgeschichte von der Schöpfung der Welt bis zur Sintflut schweigt Nicolaus Stenonis sich aus, obschon die Bibel ihm die nötigen Daten gäbe. Selbst um die nähere Bestimmung der Zeiten von der Sintflut bis zur Gegenwart bemüht er sich nicht, lediglich die Frist von viertausend Jahren gilt ihm als unumstößlich gesetzt. Doch viertausend Jahre sind eine so lange Zeit, daß sie nur schwerlich gedanklich faßbar wird.

Nicht die Chronologie der Bibel wählt Nicolaus Stenonis zur Grundlage, sondern die Geschichte der Menschheit: *„Alte etruskische Städte, von denen einige auf vom Meer erzeugten Hügeln erbaut sind, verlegen ihre Gründung mehr als dreitausend Jahre zurück und in Lydien kommen wir nahe an viertausend Jahre, so daß man daraus schließen kann, die Zeit, in der die Erde vom Meer verlassen wurde, stimmt mit der von der Schrift erwähnten Zeit überein.“*[231] Deutlich wiederum Nicolai Stenonis Bemühung, niemand möge eine Gefahr von der Neuerung befürchten.

Auch dann, wenn sichere Aufzeichnungen fehlen, ruft Nicolaus Stenonis die Menschheitsgeschichte als Kronzeugen auf: *„Die Geschichte der ersten Jahrhunderte seit der Sintflut ist nämlich bei den weltlichen Geschichtsschreibern verworren und zweifelhaft; im Lauf der Jahrhunderte jedoch nahmen sie als Gegenstand der Verherrlichung die Taten berühmter Männer, nicht aber die Wunder der Natur. Einerseits besitzen wir nun die von Schriftstellern angeführten Werke der Autoren, welche die Geschichte der an den verschiedenen Orten stattgefundenen Veränderungen aufzeichneten, nicht, wogegen andererseits die übrigen Autoren, deren Schriften erhalten sind, fast jedes Jahr unter den großen Ereignissen auch Erdbeben erwähnen, dann aus der Erde herausbrechende Feuerfluten, Überschwemmungen von Flüssen*

231. *Prodromus, S. 72* (S. 81).

und von Meeren; es ergibt sich ... mit Leichtigkeit, daß sich in den viertausend Jahren viele und verschiedenartige Änderungen ereigneten."[232]

Für möglich hält Nicolaus Stenonis die Trennung des Mittelmeeres vom Atlantischen Ozean, eine Verbindung des Mittelmeeres mit dem Roten Meer, das Versinken der Insel Atlantis, und er glaubt an die Wahrheit der Beschreibung von Örtlichkeiten auf den Fahrten des Dionysos, Triptolemos, Odysseus und Aeneas, auch wenn sie mit den gängigen Anschauungen seiner Zeit nicht übereinstimmen.[233]

Nicolaus Stenonis sieht die Erdgeschichte als wirkliche Geschichte; und sie ist für ihn nicht abgeschlossen, sie ist in die Zukunft offen. Daran ändert nichts, daß Nicolaus Stenonis die Erdgeschichte zwischen Erschaffung der Welt und Gegenwart einklemmt; dies im geringsten zu bezweifeln, liegt ihm fern. Allein der Beweis der Geschichtlichkeit der Erde, der Gedanke des Ineinanderverwobenseins von Erdgeschichte und Menschheitsgeschichte, ist neu und vermessen genug, daß Nicolaus Stenonis froh ist, möglichen theologischen Einwänden mit naturgeschichtlichen Gründen begegnen zu können.

Nicolaus Stenonis verspricht, klare Beweise *„für die meisten Veränderungen, die sich in Toskana im ganzen Gebiet zwischen Arno und Tiber ereigneten"*, in der eigentlichen Abhandlung beizubringen, *„und wenn man auch die Zeit nicht bestimmen kann, zu der sich die einzelnen Veränderungen zutrugen, so werde ich doch derartige Beweise aus der Geschichte Italiens anführen, daß niemand mehr im Zweifel sein wird"*[234].

Nicolaus Stenonis hat sein Versprechen nicht eingelöst.

232. *Prodromus, S. 75* (S. 83—84).
233. *Prodromus, S. 75* (S. 84).
234. *Prodromus, S. 76* (S. 84).

Wirkungen

Nicolai Stenonis *„De solido intra solidum"* erfährt ein ähnliches Schicksal, wie manche andere wissenschaftliche Schrift: Ihre fortschrittsweisenden Gedanken werden verkannt, einzelne Erkenntnisse aus dem Zusammenhang gerissen; und schließlich gerät sie in Vergessenheit, nahezu wenigstens. So bleibt die Wirkung des *„Dissertationis Prodromus"* begrenzt.

Am besten wird Nicolaus Stenonis wohl von Gottfried Wilhelm Leibniz verstanden, ist doch *„De solido intra solidum"* neben theologischen Fragen Gegenstand ihrer Gespräche in Hannover: *„Fast ein Gleiches hat schon Steno von den Ruinen und Überbleibseln vorgebracht, da er einen schönen Teil von Europa durchreist, und hier und da die Spuren dieser zerbrochenen Gewölber, wie ich ihn gar oft selbst erzehlen hören, angemerkt und sich gefreut hatte, daß er durch die Gründe der Natur die heilige Historie der Sintfluth nicht ohne Erbauung bestättigen könne"*[235], erinnert sich Gottfried Wilhelm Leibniz um 1692 im Manuskript seiner *„Protogaea"*.

Freilich liegen zu dieser Zeit die Gespräche mit Nicolao Stenonis bereits fünfzehn Jahre zurück, und Gottfried Wilhelm Leibniz erinnert sich der Erzählungen des Bischofs, den er der Naturforschung zurückgewinnen wollte, der sich auch in Hannover der Angriffe gegen seine Konversion zu erwehren hatte und der ihm erklärte, die Entdeckungen am Bau der Knochen hätten ihm die Augen für die Erkenntnis Gottes geöffnet.[236]

Seit der Abfassung des *„Dissertationis Prodromus"* ist zu die-

235. Leibniz, G.: Protogaea oder Abhandlung von der ersten Gestalt der Erde und den Spuren der Historie in den Denkmalen der Natur. Hrsg. von C. L. Scheid. – Leipzig, Hof 1749, S. 52.

236. Vgl. Brief N. Stenonis an G. W. Leibniz vom November (?) 1677. – In: Epistolae, S. 366–367.

ser Zeit auch schon fast ein Jahrzehnt vergangen. Wer kann ausschließen, daß für Nicolaum Stenonis inzwischen nicht mehr die Geschichtlichkeit der Erde, sondern die Bestätigung der Sintflutlegende im Schnittpunkt seiner Gedankenwelt liegt — und wer wollte es guten Gewissens behaupten?

In der Zeit, in der Gottfried Wilhelm Leibniz seine *„Protogaea"* schreibt, eine Geschichte des Welfenhauses, die nach dem Vorbild des *„Dissertationis Prodromus"* Erd- und Menschheitsgeschichte miteinander verbindet, kommen in England, nach der Jahrhundertwende in der Schweiz und auch in Deutschland „Erdtheorien" in Mode. Geschrieben nicht im Geiste der Gegenreformation, sondern im Sinne des anglikanischen Puritanismus oder eines konservativen Protestantismus haben diese physikotheologischen Schriften das Ziel, *„naturwissenschaftliche Erkenntnisse für die Befestigung und Verbreitung des religiösen Glaubens zu nutzen"*[237], was sie meistens offen schon im Titel zu erkennen geben. Die Herkunft der Überreste von Tieren und Pflanzen in den Erdschichten, die Entstehung der Erdschichten selbst und die der Berge bieten physikotheologischen Spekulationen ein weites Feld. Liegt es da nicht nahe, an Nicolai Stenonis geistige Urheberschaft solcher Traktate zu denken?

Im Jahre 1793 erscheinen in London *„Three Physico Theological Discourses . . ."*[238] des Engländers John Ray, der Nicolaum Stenonis von Montpellier her kennt. John Ray bezieht sich mehrfach auf den *„Dissertationis Prodromus"*, der seit 1671 in englischer Sprache zugänglich ist. Er teilt Nicolai Stenonis Ansicht über die organische Herkunft der Fossilien,

237. Guntau, M.: Physikotheologie und Aufklärung in ihren Beziehungen zur geologischen Erkenntnis im 18. Jahrhundert. — Zeitschrift für geologische Wissenschaften, Berlin 8 (1970) 1, S. 89.

238. Ray, J.: Three Physico Theological Discourses, concerning I. The Primitive Chaos, and Creation of the World. II. General Deluge, its causes & Effects. III. The Dissolution of the World & future Conflagration &c. — London 1793.

doch dessen Auffassung von der Erdgeschichte bleibt ihm suspekt.

John Ray meint: *„In dergleichen Dingen, davon man nichts gewisses setzen kan, sondern nur alles auf einer Muthmassung beruhet, pfleget diejenige die beste zu seyn, welche dem Buchstaben der Heil.Schrifft am nechsten kömmt, und hingegen dasjenige zu verwerffen, so darwider streitet, wenn es noch so geputzt und scharffsinnig heraus kommt. Weil dieses eben so viel ist, als ob wir GOTT lehren wolten, wie er die Welt hätte zubereiten sollen, wenn er uns offenbahret, wie er solche geschaffen hat.“*[239]

Das ist eine deutliche Absage an Nicolai Stenonis Denkungsart, mehr noch, an die beginnende moderne Naturforschung überhaupt, und mitnichten steht John Ray damit unter den Physikotheologen allein. Noch deutlicher wird 1695 John Rays Landsmann John Woodward (1655–1722). Auch er beruft sich in *„An Essay towards a Natural History of the Earth ...“*[240] auf Nicolai Stenonis *„Dissertationis Prodromus“*; freilich nur auf jene Passage, in der er schreibt, die Menschheitsgeschichte ließe sich leicht bis zur Sintflut zurückverfolgen[241]. Entschieden hingegen grenzt John Woodward sich gegen eine Erdgeschichte vor der Sintflut ab; er behauptet, *„es sey die gantze Erdkugel zur Sintfluth völlig aufgelöset und gleichsam in Staub verwandelt worden ...“*[242] Der Wunsch ist

239. Rajo, J.: Drey Physico-Theologische Betrachtungen Von der Welt Anfang, Veränderung und Untergang. Worinnen I. Das erste Chaos, oder der unförmliche vermischte Klumpen, und die Erschaffung Himmels und der Erden, II. Die allgemeine Sündfluth, deren Ursachen und Würckungen, III. Die Auflösung der Welt und zukünftige Verbrennung ... überaus erbaulich, angenehm und gründlich abgehandelt wird. Übersetzt von T. Arnold. – Leipzig o. J., S. 50–51.

240. Woodward, J.: An Essay towards a Natural History of the Earth, and terrestrial Bodies, especially Minerals; as also of the Sea, Rivers, and springs. With an account of the Universal Deluge: and of the effects that it had uppon the Earth. – London 1695.

241. Woodward, J.: Physicalische Erdbeschreibung oder Versuch einer natürlichen Historie des Erdbodens ... – Erfurt 1744, S. 758.

242. Ebenda, S. 2.

Vater des Gedanken, nicht die vorurteilsfreie Beobachtung der Natur; nicht sein kann, was nicht sein darf.

Auf dem Kontinent befassen sich im Anschluß an John Woodward die Brüder Johann Jacob Scheuchzer (1672–1733) und Johann Scheuchzer (1684–1737/38) mit der Naturgeschichte des Schweizer Landes; beide waren noch nicht geboren, als Nicolaus Stenonis *„De solido intra solidum"* schrieb.

Johann Scheuchzer erklärt sich schon 1708 expressis verbis gegen Nicolaum Stenonis: *„Ich persönlich schließe mich der Ansicht Woodwards an, indem ich eher glaube, alle diese Schichten seien in der Sintflut entstanden. Die Auffassung Stenos, sie hätten sich in verschiedenen Zeiten durch verschiedene Ereignisse gebildet, halte ich für unwahrscheinlich . . ."*[243]

Den Glauben Johann Scheuchzers macht sich sein Bruder zu eigen. In seiner kenntnisreichen „Beschreibung der Natur-Geschichte des Schweitzerlandes"[244] von 1716 ist zu lesen:

„Die eigentliche Zeit, in welcher unsere jetzigen schweizerischen und alle andern Gebirge entstanden, ist die Sündflut. Zu diesem Gedanken führt mich . . . die Natur selbst, der Berge gestaltliche Gliederung in gewisse gebrochene Strata oder Lager und die in diesen Lagern, ja in den härtesten Felsen eingeschlossenen und undisputierlichen Überbleibsel der Sündflut, Schnekken, Muscheln, Fische und Kräuter.

Wie aber damals die Berge gestaltet worden, wie sie auf und die Täler abgestiegen, ist nicht wohl aus Betrachtung der Naturkräfte zu zeigen. Ich möchte meine Stimme eher einer unmittelbaren göttlichen Wunderkraft geben als den zwar auch von Gott geschaffenen Gesetzen der Natur und Bewegung; um so mehr,

243. Zitiert nach Hölder, H.: Geologie und Paläontologie in Texten und in ihrer Geschichte. – A. a. O., S. 132.

244. Scheuchzer, J. J.: Beschreibung der Natur-Geschichte des Schweitzerlandes. – Zürich 1746.

als ... die obere Erde in der Sündflut in ein flüssiges Gemüs verwandelt worden ..., alle oberen Lager eingesunken und also eine runde, ebene, mit Wasser bedeckte Kugel dabei herausgekommen war."[245]

Wahrlich, der Glaube schafft und versetzt Berge; und uns nimmt nicht wunder, wenn Johann Jacob Scheuchzer in seiner mit wundervollen Kupfern versehenen „*Physica sacra*"[246] noch 1731 die Reste eines unglücklichen Zeugen der Sintflut, den „*homo diluvii tristis testis*" abbildet.[247] Erst Georges Cuvier (1749–1832) wird ihn als fossiles Skelett eines Riesensalamanders bestimmen.[248]

Lassen wir es damit genug sein: Nur einzelne Erkenntnisse entlehnen die Schöpfer physikotheologischer „Erdtheorien" von Nicolao Stenonis; seine fortschrittsweisenden Einsichten hingegen weisen sie ab. Gedanklich steht Nicolaus Stenonis der frühen Aufklärung näher als der Physikotheologie. Kein Vorwurf sollte Nicolaum Stenonis treffen, weil er an die Sintflutlegende glaubt; viele bedeutende Denker und namhafte Forscher des folgenden Jahrhunderts stehen ihm darin nicht nach.

Indessen ist Nicolaus Stenonis kein Wegbereiter der Aufklärung. Als diese gegen die Physikotheologie antritt, ist die Erkenntnis der Erde schon zu weit fortgeschritten, als daß die Aufklärer noch direkt an den Einsichten Nicolai Stenonis hätten anknüpfen müssen.

Nicht anders ergeht es Nicolai Stenonis Erkenntnissen über

245. Zitiert nach Hölder, H.: Geologie und Paläontologie in Texten und in ihrer Geschichte. – A. a. O., S. 133.

246. Scheuchzer, J. J.: Kupfer-Bibel, In welcher die Physica Sacra Oder Geheiligte Naturwissenschafft Derer In Heil. Schrifft vorkommenden Natürlichen Sachen. Deutlich erklärt und bewährt. – Augspurg, Ulm 1731.

247. Ebenda, Erste Abtheilung S. 66.

248. Vgl. Beringer, C. C.: Geschichte der Geologie und des Geologischen Weltbildes. – Stuttgart: Ferdinand Enke Verlag 1954, S. 38.

die *„angulata corpora"*. Erwähnt werden sie nur von Moritz Anton Cappeller (1685–1769)[249] und Johann Heinrich Hottinger (1680–1754)[250] in der Schweiz, wohl angeregt durch Johann Jacob Scheuchzer, ohne daß diese jedoch deren gedankliche Tiefe ausloten. Die Entwicklung der Kristallerkenntnis verfolgt im ausgehenden 17. und im 18. Jahrhundert zunächst einen anderen Weg. Sie sieht ihre Aufgabe nicht darin, die Gesetzmäßigkeit der Kristalle aus ihrer geometrischen Gestalt selbst, sondern darin, die Kristallform aus dem geordneten strukturellen Aufbau ihrer korpuskularen Bausteine abzuleiten.[251] Den von Nicolao Stenonis gewiesenen Weg zur Kristallerkenntnis gehen konsequent erst Jean-Baptiste-Louis Romé de L' Isle (1736–1790) in Frankreich[252] und Abraham Gottlieb Werner (1749–1817) in Sachsen[253] weiter. Beide kennen den *„Dissertationis Prodromus"*;[254] doch Mineralogie und Kristallographie sind im letzten Drittel des 18. Jahrhunderts gleichfalls auf dem Wege zur Wissenschaft zu weit vorangekommen, um noch direkte Anknüpfungspunkte suchen zu müssen.

Nicolai Stenonis *„Dissertationis Prodromus"* fällt allmählich der Vergessenheit anheim. Seine Bedeutung zu begreifen, wird Sache der Wissenschaftsgeschichte.

Bereits der erste Historiker der Kristallographie, Carl Mi-

249. Cappeller, M. A.: Prodromus Crystallographiae de Crystallis improprie sic dictis commentarium. – Luzernae MDCCXXIII.

250. Hottinger, J. H.: Kristallologia Seu, Dissertatio De Crystallis. – Tiguri 1698.

251. Vgl. Fabian, E.: Die Entdeckung der Kristalle. Der historische Weg der Kristallforschung zur Wissenschaft. – A. a. O., S. 53–60.

252. Ebenda, S. 129–134.

253. Ebenda, S. 134–139.

254. Jean-Baptiste-Louis Romé de L' Isle benutzte hauptsächlich die auszugsweise Übersetzung ins Französische von Beryat in: Collections de l'académie de Dijon, Partie etrangère, T. IV, Dijon 1757, S. 377–414; A. G. Werner besaß den Nachdruck von 1679.

chael Marx (1794–1864) würdigt Nicolai Stenonis Schrift in seiner 1825 erschienenen „Geschichte der Crystallkunde“[255] gleichermaßen, wie Friedrich Hoffmann (1797–1836) in seiner „Geschichte der Geognosie und Schilderung der vulkanischen Erscheinungen“[256] von 1838.

Seither beschäftigen sich Generationen von Geologen, Paläontologen, Mineralogen, Kristallographen und Wissenschaftshistorikern mit Nicolai Stenonis Erkenntnissen.

Die eigentliche Renaissance erlebt Nicolai Stenonis „*De solido intra solidum naturaliter contento Dissertationis Prodromus*“ im 20. Jahrhundert.

255. Marx, C. M.: Geschichte der Crystallkunde. – Carlsruhe, Baden 1825, S. 55–60.

256. Hoffmann, F.: Geschichte der Geognosie und Schilderung der vulkanischen Erscheinungen. – Berlin 1838.

Personenverzeichnis zum Essai

Inhalt

Dieser Band ist in einem Schuber erschienen,
zusammen mit dem Faksimiledruck
„Nicolai Stenonis De solido intra solidum naturaliter contento
Dissertationis Prodromus“, Florenz 1669.

Der Nachdruck der Mieleitnerschen Übersetzung
erfolgt mit freundlicher Genehmigung
der BSB B. G. Teubner Verlagsgesellschaft, Leipzig.

Die Federzeichnung von Helmut Maletzke entstand
nach einem Porträt Nicolai Stenonis von einem unbekannten Maler.
Herausgeber und Verlag
danken dem Haus Ruhr in Münster/Westfalen
für die freundliche Erlaubnis,
die Bildvorlage aus dem Nachlaß von Jodocus Hermann Nünning
benutzen zu dürfen.

Herausgeber der Ausgabe und
Verfasser des Essais:
Prof. Dr. sc. Eginhard Fabian,
Ernst-Moritz-Arndt-Universität Greifswald

ISBN 3-05-500424-8

Erschienen im Akademie-Verlag Berlin,
DDR—1086 Berlin, Leipziger Straße 3—4

Lizenznummer: 202 · 100/444/88
Printed in the German Democratic Republic
Satz: Nationales Druckhaus, VOB National, Berlin
Druck und buchbinderische Weiterverarbeitung:
VEB Druckerei „Thomas Müntzer“,
5820 Bad Langensalza
Schuber: Buchbinderei Monika Nimphy, Berlin
Lektor: Dipl.-Phys. Helga Müller
Gesamtgestaltung: Günter Schorcht
Reprotechnische Arbeiten: Dipl.-Ing. Dieter Lange
Hersteller: Alexander Herz
LSV 1406
Bestellnummer: 763 773 8 (9088/1+2)
05000 (2 Bände)

Bei Fragen zur Produktsicherheit wenden Sie sich bitte an:
If you have any questions regarding product safety,
please contact:

Walter de Gruyter GmbH
Genthiner Straße 13
10785 Berlin
productsafety@degruyterbrill.com